스티브 잡스를 꿈꾸는 이들을 위한

꿀잼
아두이노
놀이터

스티브 잡스를 꿈꾸는 이들을 위한

꿀잼

심재창 | 고주영 | 김태영 | 백주영 | 이영학 | 정욱진 | 정윤주 지음

아두이노
놀이터

카오스북
CHAOS BOOK

대표저자   심재창

국립안동대 컴퓨터공학과 교수
미국 IBM 왓슨연구소 연구원
미국 프린스턴대학교 객원교수
(주)파미 외부 감사

저 서_ 꿀잼 앱인벤터, 재미삼아 아두이노, 아두이노 로봇, 야금야금 프로세싱, 재미삼아 지그비,
      초광대역통신 무선USB 개론 등

네이버 카페 "꿀잼 앱인벤터", "아두이노", "재미삼아 프로세싱", "zigbee" 매니저

발행일   2014년 9월 15일 초판 1쇄
        2016년 3월 10일 초판 2쇄
저 자   심재창, 고주영, 김태영, 백주영, 이영학, 정욱진, 정윤주
발행인   오성준
발행처   카오스북
주 소   서울 서대문구 연희로 77-12, 505호(연희동, 영화빌딩)
전 화   02-3144-3871, 3872
팩 스   02-3144-3870

등록번호   제25100-2015-000038호

디자인   디자인콤마

웹사이트   www.chaosbook.co.kr
ISBN   978-89-98338-57-2 93560

정가   18,000원

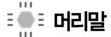 **머리말**

소프트웨어의 창의적 인재 교육을 위하여

최근 정부는 '컴퓨팅 사고력'을 바탕으로 논리적·창의적 사고와 문제해결 능력을 향상시키기 위해 소프트웨어 교육을 강화하겠다는 의지를 밝혔다. 2015년부터 중학교에 소프트웨어 교육이 의무화되며 초등학교는 2017년부터 정규 교육과정에 포함되고, 고등학교는 2018년부터 일반 선택 과목이 될 예정이다.

이미 방과후 컴퓨터 교실을 통하여 마이크로소프트의 오피스 프로그램이나 그래픽 프로그램 등의 사용법은 가르치고 있지만, 이번에 발표한 '소프트웨어 교육의 의무화'는 이전과 달리 '프로그래밍 설계와 개발 교육의 의무화'라고도 할 수 있다.

그런데 프로그래밍을 처음 배우는 학생들에게 프로그래밍 언어의 문법을 가르치고 단순히 산술적인 계산의 구현이나 저장된 자료의 처리 등만 강조한다면 학생들이 흥미를 잃어버릴 수 있다. 따라서 우선적으로 쉽고 재미있어야 하고 배운 것을 확장하여 문제를 해결하고 싶다는 욕구를 이끌어주어야 한다. 뿐만 아니라 배운 기술을 발전시켜 산업현장에 적용할 수 있는 창의성도 길러주어야 한다.

아두이노 교육은 이러한 필요성을 잘 충족시켜 줄 수 있다. 쉬운 회로 구성과 간단한 프로그램 작성으로 실내 온도를 측정하고, 밝고 어두운 정도를 측정하여 LED를 켜고 끄며, 상황에 따라 경고음을 발생하게 하거나 간단한 멜로디를 연주할 수도 있다.

실제로 학생 및 교사들과 이 책의 내용을 실습해본 결과 쉽게 이해할 뿐만 아니라 교육 만

족도도 아주 높았다. 무엇보다 학습자들이 배운 기술을 일상생활 제품에 적용하여 성능 향상이나 산업 현장에서 응용할 수 있는 방법에 대한 아이디어를 쏟아낼 때 가장 큰 보람을 느꼈다.

이 책은 전자적인 하드웨어나 마이크로컴퓨터를 처음 접하는 초보자들도 쉽게 배울 수 있도록 회로를 구성하였다. LED를 깜빡이는 방법부터 시작하여 디지털 스위치로 LED를 켜고 끄기, 피에조 스피커로 음악 연주하기, 온도 센서로 온도 읽기, 빛 센서로 밝기 측정하기, 릴레이로 전등 제어하기, 소리를 감지하여 반응하기, 프로세싱 프로그램을 포함시켜 컴퓨터와 아두이노 사이에 통신하기 등의 내용을 포함하고 있다. 실습 예제는 충분한 재미를 선사할 수 있는 것들로 선별하였으며, 각 단원의 끝에는 배운 내용을 얼마나 알고 있는지 스스로 점검할 수 있는 자가평가 문항과 융합적 미션과제를 수록하여 창의력을 향상시킬 수 있도록 하였다.

그럼 아두이노와 함께 재미있게 놀면서 스티브 잡스와 같은 소프트웨어의 창의적 인재로 성장하길 기대한다.

2014년 9월
저자

이 책을 통해 아두이노를 학습하는 이들을 위한 네이버 카페

저자가 직접 운영하는 네이버 카페를 통해 학습 중에 궁금한 사항을 질문하고 토론할 수 있습니다. 간단한 회원가입 후 Q&A(질문답변) 게시판을 활용하면 됩니다.

http://cafe.naver.com/arduinocafe

아두이노 보드 및 사용 부품의 구입

이 책에서 사용하고 있는 아두이노 보드 및 부품은 **프라이봇** 홈페이지 또는 전화로 상담하면 구입 가능합니다.

http://www.fribot.com/   Tel : 0505-305-8000

⬡ 차례

CHAPTER

01

아두이노 소개와
LED 깜박이기

수업목표

- 스케치를 작성하여 아두이노 보드에 있는 LED를 깜박일 수 있다.
- 아두이노 보드의 전원으로 외부 LED를 켤 수 있다.
- LED의 극성을 구분할 수 있다.
- 저항의 기능과 특성을 설명할 수 있다.
- 브레드보드를 활용하여 저항과 LED 회로를 만들 수 있다.
- 아두이노가 어떤 프로젝트에 활용되는지 설명할 수 있다.

내용요약

- 아두이노 보드 소개
- 아두이노 소프트웨어를 다운 받기
- 전자부품(브레드보드, LED, 저항, 점퍼선) 학습
- 아두이노 스케치 작성 방법 배우기
- 아두이노 보드의 LED 끄고 켜기
- 시간조절 함수 delay( )

사용부품

- 아두이노, 브레드보드, USB 케이블, 점퍼선
- LED
- 저항 220Ω, 1KΩ

 아두이노 소개

1) 아두이노란?

아두이노는 아두이노 보드와 통합개발환경으로 구성된다. 컴퓨터에서 프로그램을 작성하고 USB 케이블을 통해 아두이노 보드에 업로드한다. 프로그램을 작성하는 프로그램을 통합개발환경 IDE라고 하는데 간단하며 쉽고 재미있게 조작할 수 있다.

2) 아두이노 보드

아두이노 보드는 신용카드 크기 정도의 아주 작은 마이크로컴퓨터이다. 중앙처리장치인 CPU와 입출력장치 그리고 메모리 및 주변회로를 포함한다. ATMega328이라는 마이크로컨트롤러(Microcontroller)가 핵심 기능을 한다. [그림 1-1]은 아두이노 보드의 각 부분의 명칭이다.

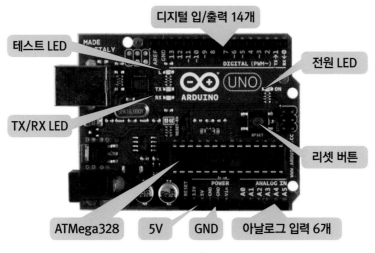

그림 1-1   아두이노 우노(Arduino Uno) 보드

아두이노 보드를 확장하면 로봇을 제어할 수도 있다. 흰색의 브레드보드를 포함한 아두이노 로봇 보드도 있는데, 이 보드는 블루투스, 와이파이 및 지그비 무선 통신 모듈을 가운데 부분에 끼워 넣을 수 있다. http://fribot.com

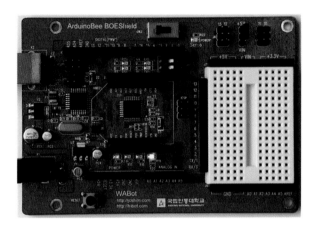

그림 1-2   Arduino Robot 보드(ABot 보드)

3) 아두이노 보드의 특징

표 1-1   아두이노 보드의 특징

마이크로 컨트롤러	ATmaga328
사용하는 전압	5V
추천 입력 전압	7~12V
최대 입력 전압	6~20V
디지털 입력/출력 핀 수	14(이 중에 6개는 PWM 출력)
아날로그 입력 핀 수	6
DC I/O 핀당 전류	40 mA
프래시 메모리	50 mA
SRAM	32 KB(0.5 KB가 부트로더로 사용)
EEPROM	2 KB
클록 속도	16 MHz

② 아두이노 IDE(통합개발환경)

1) 아두이노 다운로드 및 설치

아두이노 소프트웨어를 http://arduino.cc에서 다운로드 받아서 설치한다. 내 컴퓨터에 설치되는 위치는 c:₩Program Files₩Arduino이다.

2) USB 케이블 꽂기

아두이노 보드에 꽂는다.　컴퓨터에 꽂는다.

통통한 모양의 USB는 아두이노 보드에 끼우고, 납작한 사각형 모양의 USB 케이블은 컴퓨터에 꽂는다.

그림 1-3　USB 케이블 꽂는 방법

3) 아두이노 드라이버의 설치

USB 케이블을 컴퓨터에 꽂으면 자동으로 아두이노 드라이버를 설치해 준다. 화면의 오른쪽 아래 부분에 설치되고 있다는 내용이 표시되고, 한참 뒤에 설치가 완료되었다는 메시지가 나온다.

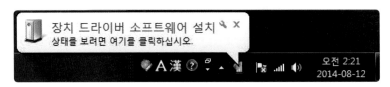

그림 1-4　장치 드라이버 설치 화면

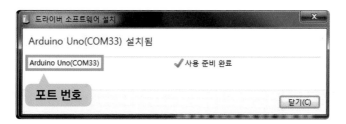

그림 1-5　드라이버 소프트웨어 설치 성공 화면

이때 포트 번호 Arduino Uno(COM##)를 메모해 두어야 한다. 번호 ##는 컴퓨터마다 다르다. 그리고 USB 케이블을 꽂는 위치에 따라 달라진다. 노트북에서는 COM1 또는 COM3이 되는 경우가 있고, PC에서는 COM5, COM33.. 등이 될 수 있다. 성공적으로 잘 설치되었는지 컴퓨터의 제어판에서 확인해 보자. 포트(COM&LPT) 아래에 Arduino Uno(COM##)으로 나오면 정상이다.

📖 **확인**

　내 컴퓨터의 아두이노 COM포트 번호는? ＿＿＿＿＿＿＿＿＿＿＿

만약 드라이버가 설치되지 않으면 프로그램을 업로드할 수 없다. 이 경우 장치관리자에서 오류가 표시된 부분(노란 느낌표)을 찾고 수동으로 드라이버를 설치한다.

그림 1-6　제어판의 장치관리자에서 COM 포트 찾기

노란색의 느낌표로 표시된 항목을 더블 클릭하고, [드라이버 소프트웨어 업데이트]를 선택하면 다음 화면이 나온다. 두 번째 푸른 화살표 옆의 [컴퓨터에서 드라이버 소프트웨어 찾아보기(R)]을 선택한다. 그리고 아두이노를 설치한 폴더를 찾고 drivers 폴더를 선택한다.

⚠ **주의**

C:\Program Files\Arduino\drivers까지 선택하자. drivers 폴더보다 더 깊이 폴더를 선택하면 설치되지 않을 수 있다.

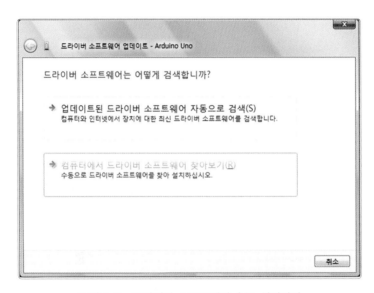

그림 1-7　드라이버 소프트웨어 수동 설치하기

4) 스케치 작성 및 업로드

스케치를 작성하고 아두이노 보드에 영혼을 불어 넣는 작업은 다음과 같은 순서로 한다.

① 스케치(소스코드)를 작성하고

② 컴파일하여 오류가 없는지 확인한 다음

③ 아두이노 보드에 업로드한다.

아두이노 프로그램 작성 툴을 통합개발환경 IDE(Integrated Development Environment)이라고 하는데, 편집과 컴파일 및 업로드를 모두 할 수 있다.

아두이노 IDE의 편집영역에 스케치를 입력한 다음 툴바 중에 체크 표시된 첫 번째 아이콘을 선택하여 컴파일한다. 툴바의 두 번째에 있는 오른쪽으로 향하는 화살표 플레이 버튼을 누르면 스케치가 아두이노 보드에 업로드된다. 만약 컴파일 버튼을 누르지 않고 바로 업로드 버튼을 누르면 프로그램이 자동으로 컴파일한 후 업로드를 해준다.

그림 1-8 아두이노 IDE 편집창

3 아두이노 보드의 LED 깜박이기

1) 보드에서 LED의 위치

그림 1-9   아두이노 보드의 LED 위치

아두이노 보드에서 LED의 위치는 L자 옆의 작은 사각형이다. 스케치를 작성하여 13번 핀에 5V를 보내면 LED가 켜진다. 0V를 보내면 LED는 꺼진다.

2) LED 깜박이기 스케치

편집창에 다음과 같이 입력한다.

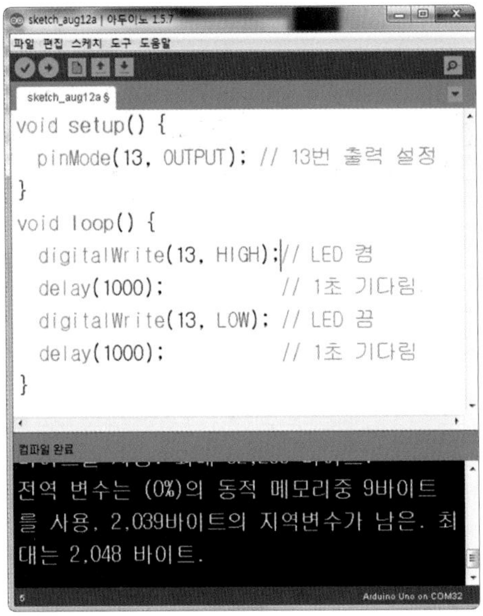

```
void setup() {
  pinMode(13, OUTPUT); // 13번 출력 설정
}
void loop() {
  digitalWrite(13, HIGH); // LED 켬
  delay(1000);            // 1초 기다림
  digitalWrite(13, LOW);  // LED 끔
  delay(1000);            // 1초 기다림
}
```

컴파일 완료

전역 변수는 (0%)의 동적 메모리중 9바이트를 사용. 2,039바이트의 지역변수가 남음. 최대는 2,048 바이트.

그림 1-10   LED 깜박이기 스케치

```
void setup() {
  pinMode(13, OUTPUT);     // 13번 출력 설정
}
void loop() {
  digitalWrite(13, HIGH); // LED 켬
  delay(1000);            // 1초 기다림
  digitalWrite(13, LOW);  // LED 끔
  delay(1000);            // 1초 기다림
}
```

void setup( ) { } 중괄호 사이는 전원을 꽂은 다음 한 번만 작동되는 코드를 넣는 곳이다. void loop( ) { } 중괄호 사이에는 계속해서 반복되는 코드를 넣는다.

pinMode(13, OUTPUT);은 13번 핀을 출력(OUTPUT)으로 활용한다는 약속이다.

digitalWrite(13, HIGH);는 5V의 전류를 13번 핀에 보내어 LED를 켜는 명령어이다. HIGH는 1이라는 값을 의미하며 5V가 출력된다.

delay(1000);에서 1000은 1000밀리초, 즉 1초를 의미한다. 이 명령어는 1초 동안 아무 것도 하지 말고 잠시 대기하라는 명령어이다. 0.5초 동안 대기시키려면 delay(500)을 입력하면 된다.

digitalWrite(13, LOW)는 13번 핀에 0V를 보내어 LED를 끄는 명령어이다. LOW는 0이며 0V가 출력된다.

3) 스케치 확인하기

보통 프로그램을 "코드"라고 하지만 특별하게 아두이노에서는 "스케치"라고 한다. 따라서 저장 공간을 "스케치북"이라고 표현을 하는데 참 재미있는 표현이다.

[파일] 아래의 첫 체크 표시 버튼이 확인 버튼이다. 이 버튼은 스케치에 오류가 있는지 확인을 해 준다.

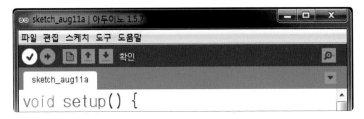

그림 1-11   스케치 오류 확인하기

오류가 없으면 화면 아래 부분이 [그림1-12]처럼 나타난다.

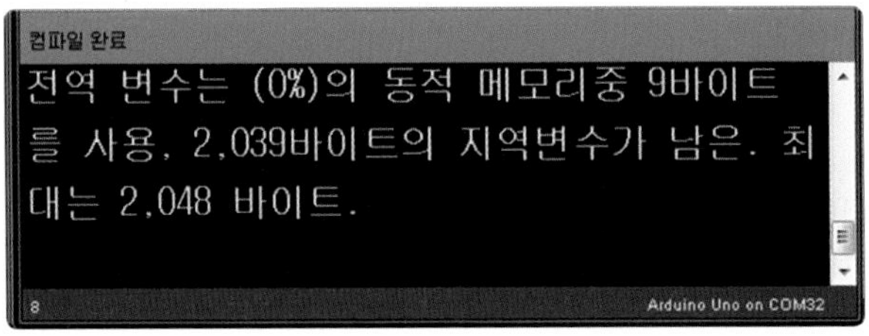

그림 1-12   컴파일 완료

프로그램에 오류가 있으면 아래 검은 창 부분인 상태영역에 붉은 색으로 된 글자가 보이고 "컴파일 오류 발생"이라는 문장이 보인다. 예를 들어, delay(1000) 다음에 세미콜론 ; 이 누락된 경우는 다음과 같이 컴파일 오류가 표시된다.

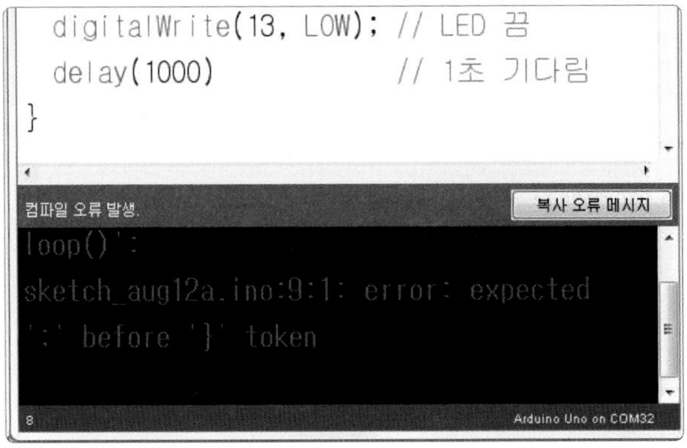

그림 1-13   문법 오류로 컴파일 오류가 발생한 경우

오류를 수정하고 다시 [확인] 버튼을 누르자.

4) 포트 및 보드 확인

보드의 선택은 [도구] 〉 [보드] 〉 [Arduino Uno]를 클릭한다.

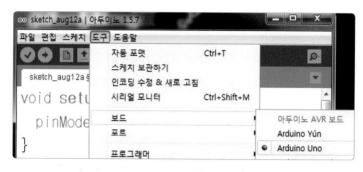

그림 1-14　도구의 보드 설정

포트의 선택은 [도구] 〉 [포트] 〉 [COM ## (Arduino Uno)]를 클릭한다. 선택이 되면 COM## 앞에 체크 표시가 나온다. ##는 아두이노 보드의 포트 번호로 컴퓨터마다 다를 수 있다.

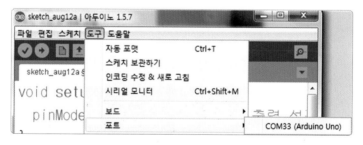

그림 1-15　도구의 포트 설정

5) 업로드

오류가 없는 경우 [편집] 아래의 화살표 버튼을 누르면 업로드된다. 업로드된다는 것은 실행파일이 컴퓨터에서 아두이노로 전달되는 것을 말한다.

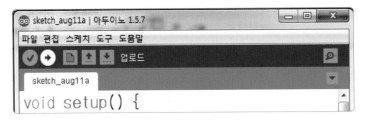

그림 1-16   프로그램을 아두이노에 업로드하기

업로드가 정상적으로 잘되면 다음처럼 표시된다.

전역 변수는 (0%)의 동적 메모리중 9바이트를 사용, 2,039바이트의 지역변수가 남음. 최대는 2,048 바이트.

그림 1-17   업로드 완료

만약 검은 창 화면 아래 부분의 상태영역에 붉은 색으로 된 글자가 보인다면 포트 설정이 잘못된 경우이다.

그림 1-18   포트 설정이 잘못되어 업로드에 실패한 경우

① 포트 설정이 잘못되었거나

② 보드 설정이 잘못된 경우 및

③ 아두이노 드라이버가 잘못 설정된 경우에는 네이버 아두이노 카페에서 "오류"로 검색하여 도움을 받자. http://cafe.naver.com/arduinocafe

④ LED 켜기

1) LED 부품 소개

LED를 발광 다이오드라고 한다. LED는 +와 −극성이 있어 주의를 해야 한다. 5V에 긴 선인 +를 연결하고 짧은 선인 −극을 GND에 연결하면 켜진다.

> ⚠ **주의**
> +, − 극성이 바뀌면 LED가 타 버린다.

아두이노 보드 내부에도 테스트를 위한 LED가 포함되어 있는데 13번 핀에 연결되어 있다. 이번 실습에서는 LED 1개와 저항 1개를 활용한다. LED로 5V의 전류를 보내면 불이 켜진다.

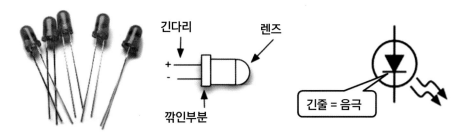

그림 1-19   LED 사진, 극성 및 회로

2) LED 켜기

아두이노 보드에서 5V 핀과 GND 핀이 이웃한 부분을 찾고, LED의 긴 핀은 5V, 짧은 핀은 GND에 끼우고 USB 케이블을 컴퓨터에 연결하면 LED가 켜진다. LED를 보드에서 빼지 않으면 계속 불이 들어온다.

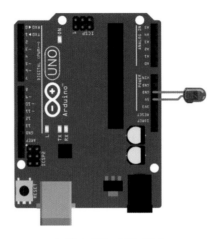

그림 1-20   LED 켜기

LED에 불이 들어오는 것을 확인하였으면 LED를 빼낸다.

3) 브레드보드

전자부품으로 회로를 구성하려면 부품을 끼울 수 있는 구멍이 포함된 보드가 필요한데 이러한 보드를 "브레드보드"라고 부른다. 가운데를 중심으로 하여 양쪽 2개의 영역으로 나누어지는데, 각 영역에는 5개의 구멍이 서로 이웃하여 연결되어 있다. 각 영역의 끝에 있는 2개의 구멍은 각각 5개씩 연속하여 처음부터 끝까지 한 줄로 연결되어 있다.

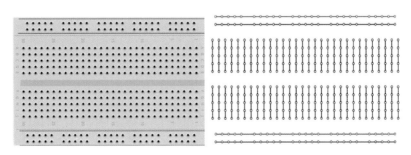

그림 1-21   브레드보드와 내부 연결도

4) 브레드보드로 LED 회로 만들기

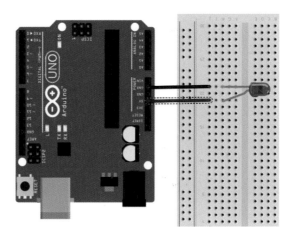

그림 1-22 브레드보드를 활용한 LED 켜기

양 끝에 피복이 벗겨진 짧은 전선을 점퍼선이라고 한다.

- 붉은 점퍼선을 5V에 끼운다.
- 검은 점퍼선을 GND에 끼운다.
- 브레드보드에 LED를 끼운다.
- 5V 점퍼선을 LED의 긴 핀 옆의 브레드보드에 끼운다.
- GND 점퍼선을 LED의 짧은 핀 옆에 끼운다.

5 저항으로 LED 밝기 조절하기

1) 저항

저항은 전류 흐름의 조절 기능을 한다. LED 밝기 조절에 적합한 저항은 220Ω으로 색띠가 "빨강-빨강-갈색"이다.

그림 1-23 저항 220Ω(빨-빨-갈)

2) 220Ω 저항과 LED의 직렬 회로 만들기

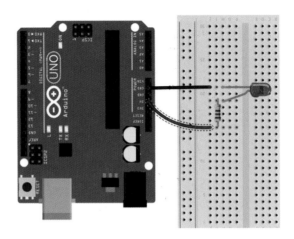

그림 1-24   저항을 포함한 LED 켜기 회로

3) 저항을 1KΩ 저항으로 바꾸기

그림 1-25   1KΩ 저항 (갈-검-빨)

K가 1000을 나타내므로 1KΩ 저항은 1000Ω과 동일하다. 1KΩ 저항의 색띠는 갈색-검정-빨강색이다.

저항이 커지면 전류가 잘 흐르지 못하고 저항이 작아지면 전류는 잘 흐른다. 전류를 수도라고 상상하면 저항은 수도꼭지에 해당한다. 아주 큰 저항은 수도꼭지를 잠근 상태이고, 수도꼭지를 열어둔 상태는 저항이 없는 경우이다.

4) 밝기와 관련하여 관찰 결과

회로	관찰된 내용
저항이 없는 경우	
220Ω 저항	
1KΩ 저항	

요약

- 아두이노 보드 소개
- 아두이노 통합개발환경 IDE 소개 및 활용
- 전자부품(LED, 저항, 브레드보드, 점퍼선)에 대한 학습
- LED 켜기
- 저항의 크기에 따른 밝기의 관찰
- 아두이노 보드에 있는 LED 깜박이기 실습

 ## 자가평가

항목	확인 내용	확인	
		O	X
1	pinMode( ) 함수는 입출력을 지정하는가?		
2	setup( )과 loop( )로 아두이노 스케치가 구성되는가?		
3	digitalWrite( )는 HIGH나 LOW 신호를 보내는가?		
4	delay( )함수에서 1000은 1초를 의미한다.		
5	LED를 깜박이는 스케치를 작성할 수 있는가?		

 ## 연습문제

1. 아두이노처럼 배터리를 끼우면 작동하는 작은 컴퓨터를 무엇이라 하는가?

2. 아두이노 보드는 몇 V의 전원으로 작동되는가?

3. 아두이노 보드의 LED는 몇 번 핀과 연결되어 있는가?

4. 디지털 핀을 출력으로 사용할 때의 명령은?

① pinMode(13, OUTPUT)　　② pinMode(13, INPUT)

③ digitalWrite(13, HIGH)　　④ digitalWrite(13, LOW)

5. 전자부품 중에 극성이 있는 부품은?

① 점퍼선　　② 저항　　③ LED　　④ 포토레지스터

6. LED는 극성이 있고 저항은 극성이 없다. [O/X]

7. 저항과 LED가 직렬로 연결된 경우 저항이 커지면 LED는 밝아진다. [O/X]

8. 아두이노 보드와 컴퓨터는 USB 케이블을 통해서 프로그램을 업로드한다. [O/X]

[정답]

1. 마이크로 컴퓨터　　**2.** 5V　　**3.** 3번　　**4.** ①　　**5.** ③　　**6.** O　　**7.** X　　**8.** O

미션과제

- 아두이노 보드의 LED를 0.5초마다 한 번씩 깜박이게 하자.

  단계1: LED 회로를 만든다.
  단계2: (스케치의 이해) 1초간 대기는 delay(1000); 이므로 0.5초간 대기는 delay(＿＿＿＿);의
  　　　 값을 선택한다.
  단계3: 스케치를 작성한다.
  단계4: 바이너리를 업로드하고 관찰한다.

- 다음의 스케치에서 ＿＿＿＿ 부분에 숫자를 넣어서 0.1초마다 깜박이도록 스케치를 수
  정하자. (참고: delay(1000); 은 1초간 지속한다)

```
void setup() {
  pinMode(13, OUTPUT);
}
void loop() {
  digitalWrite(13, HIGH);
  delay(_____);
  digitalWrite(13, LOW);
  delay(_____);
}
```

[정답]

http://cafe.naver.com/arduinocafe 네이버 "내사랑 아두이노" 카페 참조

02

저항으로 LED 밝기 조절하기

- LED의 동작 원리를 알 수 있다.
- LED를 밝힐 수 있는 회로를 구성할 수 있다.
- 저항의 변화에 따른 LED 밝기 변화를 설명할 수 있다.

내용요약

- LED와 저항을 이용한 회로 구성하기(건전지 이용)
- 저항값을 변화시키면서 LED의 밝기 변화 관찰하기
- 아두이노 보드를 이용하여 LED를 밝힐 수 있는 회로 구성하기

사용부품

- 아두이노 보드
- Red LED
- 저항 220Ω, 500Ω, 1KΩ, 2KΩ, 10KΩ

- 브레드보드
- 점퍼선 2개

① 부품과 친해지기

LED에 대해 알아보자. LED는 Light-Emitting Diode의 준말로 빛을 내는 다이오드, 즉 발광다이오드를 의미한다. 다이오드(Diode)는 서로 다른 성질을 가진 두 가지 물질을 접합하여 만든 두 개의 극을 가진 간단한 전자 소자이다. LED는 길이가 서로 다른 2개의 다리를 가지고 있으며, 상대적으로 길이가 긴 다리가 양극(ANODE, +), 짧은 다리가 음극(CATHODE, −)을 띤다. 손상에 의해 다리 길이로 극성을 파악할 수 없을 때, LED를 위에서 봤을 때 둘레의 일부가 편평하게 깎여진 쪽 다리가 음극(−)이다.

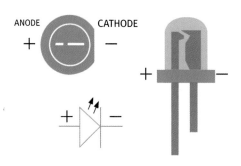

그림 2-1   LED 모식도와 심볼

LED의 가장 큰 특징은 정해진 방향으로 전기를 흘려야 불을 밝힐 수 있다는 것이다. 이러한 LED의 특징은 물이 흐르는 댐에 비유해보면 그 동작 원리를 쉽게 이해할 수 있다. LED 소자가 서로 다른 높이를 가진 댐이라고 생각해보자. 이때 물이 갇혀 있는 댐의 높은 쪽을 양극(+), 낮은 쪽을 음극(−), 댐에 흐르는 물을 전기라고 할 수 있다. 수문이 열리면 자연스럽게 댐의 높은 곳에서 낮은 곳으로 물이 흐르듯이 LED도 전원과 같은 극성으로 맞게 연결하면 양극에서 음극으로 전류가 흐르고 빛을 낼 수 있다.

LED는 실생활에 어떻게 이용되고 있을까? 가장 대표적으로 LED 전광판이 있다. 야구장의 대형 전광판이나 거리에 늘어서 있는 상점에서 글씨가 흐르는 전광판을 흔히 볼 수 있다. 백열등, 형광등에 비해 LED 전등이 전기에너지 소모가 적기 때문에 대형 매장이나 관공서에서 광원으로 많이 사용된다.

다음은 저항에 대해 알아보자. 저항은 전기의 흐름을 방해하는 소자이다. 다양한 소재로 만들어지며 회로에 흐르는 전류를 제어하는 역할을 한다. 물이 흐르는 작은 개울에 여러 개의 돌을 놓으면 어떻게 될까? 돌로 물의 흐름을 막을 수도 있고, 개울의 폭을 좁게 해서 물이 적게 흐르게 할 수도 있을 것이다. 이와 같은 원리로 저항은 전기가 흐르는 것(전류)을 막거나 그 양을 조절할 수 있다.

그림 2-2   저항과 심볼

2   LED 플래시라이트 만들기

1) 회로 구성

브레드보드와 건전지를 이용해 LED를 밝히는 회로를 만들어보자. 브레드보드에 아래와 같이 회로를 구성한다.

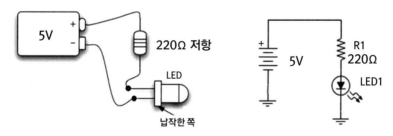

그림 2-3   LED 플래시라이트 회로도

220Ω 저항은 LED에 흐르는 전류를 조절하여 과전류가 흐를 경우 LED가 파손되는 것을 막아주므로, 1장에서 학습한 브레드보드의 결선상태를 고려하여 저항과 LED를 직렬로 연결한다. 5V 건전지(전원)를 연결하여 회로를 완성한다. 만약 LED에 불이 들어오지 않을 경우 LED의 극성에 맞게 전원을 연결하였는지 살펴보자.

2) 저항의 크기와 LED 밝기 변화

위의 LED 플래시라이트 회로를 구성하고, 서로 다른 4개의 저항(500Ω, 1KΩ, 2KΩ, 10KΩ)을 준비한다. 저항의 크기를 바꾸면서 LED의 밝기를 비교해 본다. 전원이 연결되어 있는 상태에서는 각 소자에 전류가 흐르고 있기 때문에 회로의 부품을 교체할 때에는 우선적으로 회로에 공급되는 전원을 제거해야 한다.

저항의 크기에 따른 LED 빛의 밝기를 살펴보고 저항의 크기와 빛의 밝기 사이의 상관관계를 그래프로 나타내본다.

3 아두이노 보드를 이용한 LED 제어

1) LED 플래시라이트 회로구성

전원과 출력제어를 아두이도 보드로 할 수 있는 LED 플래시라이트를 만들어보자. 먼저 브레드보드에 전원을 제외한 220Ω 저항으로 구성된 LED 플래시라이트 회로를 구성하고 아두이노 보드에서 브레드보드로 그라운드(GND)를 연결한다. 그라운드는 보드에 있는 3개의 핀이 모두 같은 기능을 하므로 하나를 택하여 사용하면 된다. 디지털 입력은 아두이노 보드의 디지털 13번 핀으로 LED의 양극(+)과 연결한다. 아래 회로도를 참고하여 연결하도록 하자.

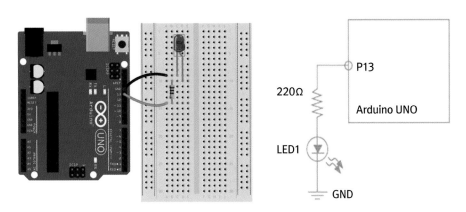

그림 2-4   LED 플래시라이트 회로

2) 스케치 작성하기

아두이노 보드와 컴퓨터를 USB로 연결한 후 아두이노 보드에 연결된 LED 회로에 불을 켜는 프로그램을 작성해보자.

```
/* LED 플래시라이트 깜빡임 */
void setup() {
    pinMode(13, OUTPUT);   // 13번 핀을 출력으로 설정
}

void loop() {
    digitalWrite(13, HIGH); // LED 켜기
    delay(1000);            // 1초간 기다림
    digitalWrite(13,LOW);   // LED 끄기
    delay(1000);            // 1초간 기다림
}
```

위의 스케치를 작성한 후 컴파일 버튼을 눌러 오류가 있는지 확인하고 업로드 버튼을 눌러 아두이노 보드에 작성한 프로그램을 다운로드 받는다. 컴파일 버튼을 누르지 않아도 자동으로 컴파일한 후 업로드되지만 컴파일을 통해 먼저 오류를 확인하는 습관을 가질 수 있도록 한다.

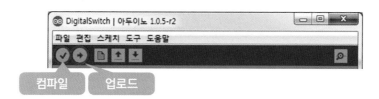

그림 2-5 **컴파일 및 업로드 버튼**

위의 코드에 사용된 명령어를 자세히 살펴보자.

- void setup( ) { };

  프로그램에 사용할 명령어를 정의한다.

- pinMode(outPin, OUTPUT);

  outPin(빨간색 LED 램프가 연결된 디지털 13번 핀)을 출력으로 설정한다.

- void loop( ) { };

  { }안의 명령어를 차례대로 반복하여 실행한다.

- digitalWrite(outPin, HIGH);

  outPin의 상태를 HIGH로 설정한다.

- delay(1000);

  1000ms, 즉 1초 동안 현 상태를 유지한다.

- digitalWrite(outPin, LOW);

  outPin의 상태를 LOW로 설정한다.

- delay(1000);

  1000ms 동안 현 상태를 유지한다.

setup( )는 프로그램에 어떠한 명령어를 어떻게 사용하게 될지 정의해주는 역할을 하며 프로그램을 시작할 때 1회 실행된다. setup( ) 함수에는 사용할 핀 번호를 지정하고, 그 핀을 입력핀으로 사용할 것인지 출력핀으로 사용할 것인지를 선언한다. 위의 코드에서 pin-Mode(13, OUTPUT);이라는 명령어는 아두이노 보드의 13번 핀을 출력핀으로 사용하겠다고 선언하는 것이다.

loop( )는 { }안의 명령어를 차례대로 반복하여 실행하는 역할을 하고 위 스케치에서 처음 실행하는 명령어가 digitalWrite( )이다. setup( )에서 선언한 바와 같이 13번 핀(outPin)에 HIGH로 디지털 출력(digitalWrite)을 한다. 아두이노 보드에서 디지털 입출력에서 HIGH는 5V로 스위치 ON 상태를, LOW는 0V로 OFF 상태를 나타낸다. delay( )는 앞선 명령어를 실행한 후 다음 명령어를 받을 때까지 괄호 안의 시간만큼 기다리라는 명령어이다. 결국 앞선 명령의 상태를 유지해주는 역할을 한다. delay( ) 명령어를 사용할 때 입력하는 시간 단위가 1/1000초(ms)라는 점을 주의해야 한다. 예를 들어, 괄호 안의 숫자가 2000이라면 상태유지 시간은 1000을 나눈 2초가 된다. delay 시간을 바꿔가며 LED를 제어해보자.

연습문제

1. 두 개의 극성을 가지고 있으며 전기에너지 소모가 적어 대형 매장 등에 널리 사용되는 광원은?

2. LED에 불이 들어올 때 측정되는 전압 값은?

3. 디지털 출력에 필요한 함수는?

4. setup( )함수에 대한 설명으로 틀린 것은?

   ① 프로그램을 돌릴 때마다 실행된다.

   ② 프로그램에 사용될 변수나 함수 등 명령어를 선언해주는 역할을 한다.

   ③ setup( )에 선언하지 않는 명령어를 사용하면 디버깅 오류가 발생한다.

   ④ 프로그램에 사용될 모든 명령어를 선언해주어야 한다.

5. delay(5000)를 입력하면 5000초를 기다린 후 다음 명령어를 수행한다. [O/X]

6. 디지털출력은 HIGH/ LOW 두 값만을 가질 수 있다. [O/X]

[정답]

1. LED(발광다이오드)   2. 5V   3. digitalWrite( )함수   4. ④   5. X   6. O

 ## 미션과제

• LED가 깜빡이는 횟수를 조정하여 간단한 모스 신호를 만들어보자.

[정답]

http://cafe.naver.com/arduinocafe 네이버 "내사랑 아두이노" 카페 참조

03

디지털 스위치

수업목표

- 디지털 입력 회로를 구성할 줄 안다.
- 디지털 출력 회로를 구성할 줄 안다.
- 아두이노 프로그램을 작성하여 디지털 스위치로 LED를 제어할 줄 안다.

수업내용

이 장에서는 푸시 버튼을 디지털 스위치로 이용하여 LED 램프를 켜고 끄는 방법을 배우게 된다. 버튼을 누르면 LED 램프가 켜지고 버튼에서 손을 떼면 LED 램프가 꺼지도록 회로를 구성하고 프로그램을 만들어 보자.

사용부품

- 아두이노, 브레드보드, USB 케이블, 점퍼선
- 저항(470Ω, 10KΩ)
- LED
- 스위치

이 장의 내용을 모두 실습하기 위해서는 다음과 같은 부품이 필요하다.

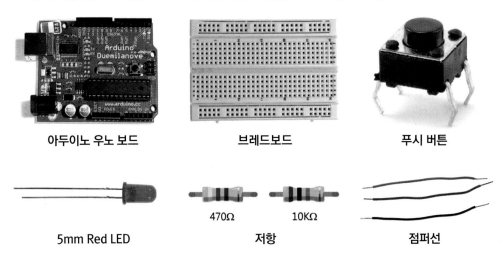

| 아두이노 우노 보드 | 브레드보드 | 푸시 버튼 |

5mm Red LED   저항   점퍼선

푸시 버튼 스위치는 아주 간단한 부품이다. 푸시 버튼에는 4개의 다리가 있는데 버튼 내부에서 핀 A와 핀 D가 서로 연결되어 있고, 핀 B와 핀 C가 서로 연결되어 있어서 실제로는 두 개의 전기적 연결만 있다고 볼 수 있다. 버튼을 누르면 서로 떨어졌던 두 부분이 연결되어 전기가 흐르게 된다.

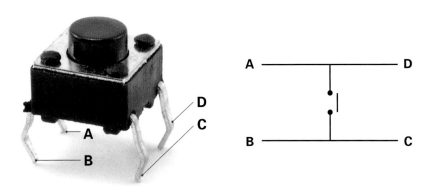

그림 3-1 푸시 버튼 스위치의 연결 구조

우리 생활 주변에서 푸시 버튼 스위치를 한번 찾아보자. 스마트폰의 버튼, 키보드, 현관의 디지털 도어록의 버튼, 세탁기 버튼, 전자레인지 버튼 등 우리는 일상생활에서 아주 많은 푸시 버튼 스위치를 사용하고 있다.

디지털 입력 회로 만들기

스위치 등의 디지털 입출력 부품을 가지고 있는 디지털 회로는 흔히 5V의 값을 입력 받아서 HIGH 상태인 '1'이 되거나, GND에 연결되어서 LOW 상태인 '0'이 되어야만 정상적으로 작동된다. 만약 이 회로가 5V의 전압을 받지 않는 상태(1이 아닌 상태)에서 GND에 연결도 되지 않은 상태(0이 아닌 상태)라면 이 회로는 HIGH도 LOW도 아닌 플로팅(Floating) 상태에 있다고 한다.

즉, 플로팅 상태는 회로가 전자적으로 아무 것에도 연결되어 있지 않는 상태를 말한다. 이 상태에서 회로는 각종 노이즈나 주위 환경에 따라서 HIGH의 입력을 받을 수도 있고 LOW의 입력을 받을 수도 있다. 따라서 회로는 HIGH의 상태와 LOW의 상태로 수시로 변하는 불안정한 상태가 된다.

이러한 문제는 저항을 연결하여 간단히 해결할 수 있는데, 저항을 연결하는 위치에 따라서 두 가지 방법이 있다.

1) 풀업 저항으로 디지털 입력 회로 만들기

풀업 저항은 평소에는 늘 HIGH 상태를 유지해야 하는 전자회로에 사용되며, 스위치를 누르면 LOW의 값을 입력된다.

[그림 3-2]의 (a)는 스위치가 닫히면(ON) 디지털 회로가 GND와 연결(접지)되어 0V의 상태가 되지만, 스위치가 열리면(OFF) 5V의 입력 전기도 없고 GND에도 연결되지 않은 플로팅 상태가 된다. 이것을 (b)와 같이 풀업 저항을 넣은 회로로 바꾸면,

- **스위치 OFF 상태**: 입력으로 HIGH, 즉 1이 들어간다.
- **스위치 ON 상태**: GND에서 값을 받아 입력으로 LOW, 즉 0이 들어간다.

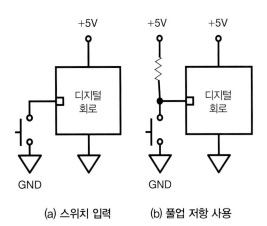

	스위치 ON	스위치 OFF
(a)	0V (LOW)	모름(Floating)
(b)	0V (LOW)	5V (HIGH)

그림 3-2 LOW 스위치 입력과 풀업 저항

풀업 저항으로 디지털 입력 회로를 만들어보면 다음과 같다.

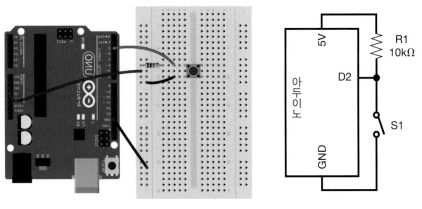

그림 3-3 디지털 입력 회로 구성(풀업 저항)   **그림 3-4 회로도(풀업 저항)**

만약 10KΩ 저항이 없다면 대신 4.7KΩ, 22KΩ, 또는 1MΩ 등 충분히 큰 값의 저항을 이
용하면 된다.

2) 풀다운 저항으로 디지털 입력 회로 만들기

풀다운 저항은 평소에는 늘 LOW 상태를 유지하다가 특별히 스위치를 누르면 HIGH의 값을 입력 받아서 HIGH 상태로 변하는 전자제품이나 전자장치에 적합하다. [그림 3-5]의 (a) 회로에서는 스위치가 열려 있으면(OFF) 플로팅 상태가 되고, 스위치가 닫히면(ON) 5V의 전기가 입력되어 HIGH 상태가 된다.

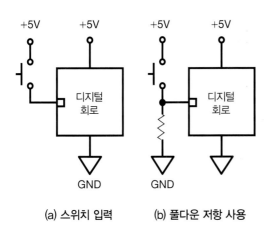

(a) 스위치 입력 　　(b) 풀다운 저항 사용

	스위치 ON	스위치 OFF
(a)	5V (HIGH)	모름(Floating)
(b)	5V (HIGH)	0V (LOW)

그림 3-5　LOW 스위치 입력과 풀다운 저항

풀다운 저항을 이용하여 디지털 입력 회로를 구성하면 다음과 같다.

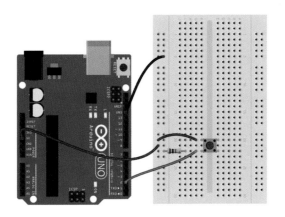

그림 3-6　디지털 입력 회로 구성(풀다운 저항)

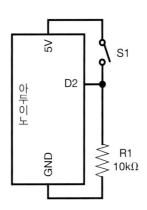

그림 3-7　회로도

2 디지털 출력 회로 만들기

[그림 3-9]의 풀다운 저항을 이용한 디지털 입력회로에 추가적으로 470Ω 저항과 빨간색 LED를 디지털 13번 핀에 연결하여 디지털 출력 회로를 만들어보자.

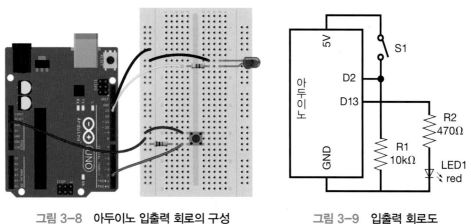

그림 3-8 아두이노 입출력 회로의 구성   그림 3-9 입출력 회로도

저항은 전류를 줄여준다. 전류는 저항을 통과하면서 그 크기가 감소하는데, 전류가 약해지면 당연히 전압도 낮아진다. LED에 연결된 저항의 경우, 값이 큰 저항을 연결할수록 LED의 밝기는 점점 더 어두워진다. 220Ω 저항을 연결하면 LED의 밝기는 아주 밝지만 1KΩ 저항을 연결하면 좀 더 어두워지고, 10KΩ이나 그 이상의 값의 저항을 연결하면 어두워서 빛을 거의 볼 수 없다.

3 프로그램 작성하기

이제 푸시 버튼 스위치가 눌려있는 동안에는 LED 램프의 불이 켜지고, 버튼에서 손을 떼면 LED 램프의 불이 꺼지는 프로그램을 작성해보자.

 **푸시 버튼이 눌려있는 동안에만 LED 램프에 불 켜기**

```
/* 푸시 버튼 스위치를 이용한 디지털 입력
 * 푸시 버튼이 눌려있는 동안에만 LED 램프에 불 켜기
 */
int inPin = 2;        // 푸시 버튼이 연결된 핀 번호
int outPin = 13;      // LED 램프가 사용하는 핀 번호
int btnState = LOW;   // 푸시 버튼의 상태를 저장 (HIGH : 1, LOW : 0)

void setup() {
    pinMode(inPin, INPUT);        // 푸시 버튼은 입력으로 설정
    pinMode(outPin, OUTPUT);      // LED는 출력으로 설정
}

void loop() {
    btnState = digitalRead(inPin);   // 입력값을 읽고 저장
    // 버튼이 눌렸는지를 확인, 버튼이 눌렸으면 입력 핀의 상태는 HIGH
    if (btnState == HIGH) {
        digitalWrite(outPin, HIGH);   // LED 램프를 켠다.
    }
    else {
        digitalWrite(outPin, LOW);    // LED 램프를 끈다.
    }
}
```

그림 3-10 **컴파일 및 업로드 버튼**

위의 소스 코드를 작성한 후 아두이노에서 컴파일 버튼을 누르고 오류가 없으면 업로드 버튼을 누른다. 컴파일 버튼을 누르지 않고 바로 업로드 버튼을 누르면 자동으로 컴파일 작업이 먼저 진행되고 프로그램에 오류가 없으면 이어서 업로드가 바로 진행된다. 업로드하기 전에 아두이노 보드와 컴퓨터가 USB 케이블로 연결되어 있는지 확인한다.

위의 코드에 사용된 명령어를 자세히 살펴보자.

- pinMode(inPin, INPUT); // inPin(푸시 버튼이 연결된 디지털 2번 핀)을 입력으로 설정한다.
- pinMode(outPin, OUTPUT); // outPin(빨간색 LED 램프가 연결된 디지털 13번 핀)을 출력으로 설정한다.
- digitalRead(inPin); // inPin의 상태를 읽는다. inPin의 상태는 HIGH 또는 LOW이다.
- digitalWrite(outPin, HIGH); // outPin의 상태를 HIGH로 설정한다.
- digitalWrite(outPin, LOW); // outPin의 상태를 LOW로 설정한다.
- if(btnState == HIGH) {   // if(조건)은 괄호 안의 조건이 참일 때

    실행문1;   // 바로 아래의 코드 블록(실행문1)이 수행되고

  }

  else {   // 조건이 참이 아닐 때

   실행문2;   // else 이후의 실행문2가 수행된다.

  }

4 LED 램프를 하나 더 추가하여 실습하기

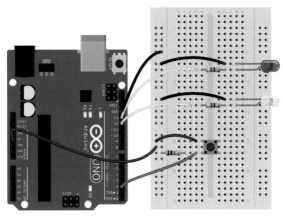

470Ω 저항과 노란색 LED 램프를 디지털 12번 핀에 연결한다. 푸시 버튼 스위치를 누르고 있는 동안에는 노란색 LED는 켜지고 빨간색 LED 램프는 꺼지고, 반대로 스위치에서 손을 떼면 빨간색 LED 램프가 켜지고 노란색 LED 램프가 꺼지도록 한다.

그림 3-11 출력 핀 추가

setup( ) 함수 안에 입력이나 출력으로 사용할 세 개의 핀을 적절하게 설정한다. 아래 소스 코드의 빈 칸에 알맞은 명령어를 직접 입력해보자.

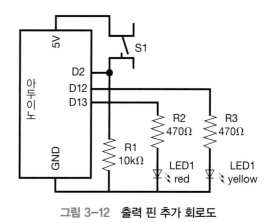

그림 3-12 출력 핀 추가 회로도

예제 3-2 버튼의 상태에 따라 다른 색의 LED 램프 켜기

```
int inPin = 2;      // 푸시 버튼이 연결된 2번 핀을 입력으로 설정
int outPin1 = 12;   // 노란색 LED 램프가 연결된 12번 핀을 출력으로 설정
int outPin2 = 13;   // 빨간색 LED 램프가 연결된 13번 핀을 출력으로 설정
void setup() {
        ①              // 디지털 2번 핀을 입력으로 지정
    pinMode(outPin1, OUTPUT);   // 디지털 12번 핀을 출력으로 지정
        ②              // 디지털 13번 핀을 출력으로 지정
}
```

[정답]
① pinMode(inPin, INPUT); 또는 pinMode(2, INPUT);
② pinMode(outPin2, OUTPUT); 또는 pinMode(13, OUTPUT);

이제 loop( ) 함수에서 적절한 if-else 문을 작성하여 스위치의 상태에 따라서 노란색 LED 램프와 빨간색 LED 램프를 제어해보자.

```
int btnState = LOW;
void loop() {
    btnState = digitalRead(inPin);
    if(btnState == HIGH) {              // 스위치를 누르고 있는 상태이면
        digitalWrite(outPin1, HIGH); // 노란색 LED 램프를 켜고
        digitalWrite(outPin2, LOW);  // 빨간색 LED 램프를 끈다.
    }
    else {
        ①                              // 노란색 LED 램프를 끄고
        ②                              // 빨간색 LED 램프를 켠다.
    }
}
```

[정답]
① digitalWrite(outPin1, LOW); 또는 digitalWrite(12, LOW);
② digitalWrite(outPin2, HIGH); 또는 digitalWrite(13, HIGH);

5 스위치를 직접 만들어서 디지털 입력과 출력 실험하기

푸시 버튼 스위치를 사용하지 않고 디지털 입력을 직접 제작해보자. [그림 3-14]에서는 백호가 심벌즈를 양손에 들고 신나게 연주를 하고 있다. 백호가 양손에 든 심벌즈를 서로 부딪힐 때마다 LED 램프에 불이 켜지도록 만들어보자

그림 3-13 심벌즈 제작 과정

[준비물]

인형, 둥근 원 모양의 치킨이나 피자 쿠폰 2개, 알루미늄 호일 2장, 노란 고무 밴드 2~4개

[심벌즈를 연주하는 인형 만들기]

1. 알루미늄 호일로 둥근 피자(치킨) 쿠폰을 감싸서 심벌즈를 만든다.
2. 심벌즈를 인형의 양손에 고정시킨다.
3. 알루미늄 호일로 감싼 각각의 심벌즈에 점퍼선을 연결한다.
4. [그림 3-8]의 디지털 입출력 회로의 구성에서 푸시 버튼 스위치를 빼고 그 자리에 심벌즈에 연결된 점퍼선을 각각 연결한다.

인형의 양손에 든 심벌즈가 서로 부딪힐 때마다 LED 램프의 불을 켜는 아두이노 프로그램은 앞의 [예제3-1]과 동일하다.

그림 3-14 **심벌즈 연주**

요약

- 푸시 버튼 스위치로 디지털 입력 회로 만들기
- 디지털 입력 회로에 빨간색 LED 램프를 추가하여 디지털 입출력 회로 만들기
- 푸시 버튼을 누르고 있는 동안 빨간 LED 램프를 켜는 프로그램 작성하기
- 회로에 노란색 LED 램프를 추가하고, 푸시 버튼의 상태에 따라서 빨간색 LED 램프와 노란색 LED 램프를 번갈아 켜는 프로그램 작성하기
- 심벌즈를 연주하는 인형을 만들어 재미있게 놀아보기

자가평가

항목	확인 내용	확인	
		O	X
1	저항은 전류의 흐름을 방해하여 전류를 줄여준다.		
2	풀업 저항을 사용한 경우 스위치를 누르면 1이 입력된다.		
3	pinMode(2, INPUT); // 2번 핀을 디지털 입력으로 설정한다.		
4	digitalWrite(13, HIGH); // 13번 핀으로 1의 값을 출력한다.		
5	if(btnState == HIGH) // btnState의 값이 1이면 참이다.		

연습문제

1. 버튼을 눌러서 전기를 흐르게 하거나 흐르지 않게 하는 장치를 무엇이라고 하는가?

2. 디지털 입력회로에서 풀다운 저항의 위치는 어디인가?

3. 디지털 출력회로에 10KΩ 저항을 연결하는 것보다 220Ω 저항을 연결하면 LED의 밝기가 더 어두워진다. [O/X]

4. 플로팅 상태에서 회로는 각종 노이즈나 주위 환경에 따라서 HIGH의 입력을 받을 수도 있고 LOW의 입력을 받을 수도 있어서 회로는 불안정한 상태가 된다. [O/X]

5. 풀다운 저항을 이용한 전자 장치는 평소에는 작동이 되지 않다가 스위치를 연결하면 작동이 된다. [O/X]

6. 평소에는 늘 HIGH 상태를 유지하다가 스위치를 누르면 LOW 상태로 변하는 풀업 저항을 사용하기에 적당한 전자제품이나 전자장치의 예를 3개 이상 들어보자.

[정답]

1. 디지털 스위치   2. 디지털 핀과 GND 사이   3. X   4. O   5. O
6. 화재경보기, 가스 계량기, 수도 계량기 등

 # 미션과제

• 2개의 푸시버튼으로 3가지의 서로 다른 색(빨강, 노랑, 초록)의 LED 램프를 켜는 회로를 구성하고 아두이노 프로그램을 작성해보자.

[정답]

http://cafe.naver.com/arduinocafe 네이버 "내사랑 아두이노" 카페 참조

CHAPTER

04

피에조 소리내기

수업목표

- 피에조 스피커의 원리를 설명할 수 있다.
- 회로를 만들고 피에조 스피커로 소리를 낼 수 있다.
- 디지털 스위치 회로를 만들고 소리를 낼 수 있다.
- tone( ) 함수에 대해서 설명할 수 있다.

수업내용

- 피에조 스피커 원리
- 피에조 스피커 회로
- 피에조 스피커 소리내기

- 디지털 스위치 만들기
- 스위치에 따라 피에조 스피커 소리내기

사용부품

- 아두이노, 브레드보드, USB 케이블, 점퍼선
- 피에조 스피커
- 저항 1MΩ (갈색-검정-초록색), 220Ω(빨강-빨강-갈색), 10KΩ(갈색-검정-주황색)

① 피에조 스피커의 원리

피에조는 압전소자라고도 하며 압력을 전기신호로 바꾸거나 전기신호를 압력으로 바꾸는 부품이다. 5V(HIGH)/0V(LOW) 전압이 작용하면 압전성 수정체 소자의 모양이 바뀌면서 진동이 일어난다. 이때 진동하는 물체의 주변 공기도 함께 진동하는데, 이 진동을 우리가 들을 수 있는 소리와 음으로 나타낸다. 압력을 전기신호로 바꿔주는 마이크나 전기신호를 압력으로 바꿔주는 스피커와도 유사한 성질을 가지고 있어서 뛰어난 품질의 소리를 필요로 하지 않는 초인종이나 저가의 인터폰 등에서 사용된다. 압전형 스피커는 평판스피커로서 진동판 역할을 하는 금속판에 압전성 세라믹을 붙여 만든다. [그림 4-1]과 같이 오디오 신호를 압전 세라믹 양면의 전극에 입력하면 중심에서 바깥쪽으로 마치 우산살처럼 뻗은 모양으로 팽창과 수축을 반복함으로써 진동판이 앞뒤로 진동하며 표면에서 소리가 난다. 그림에서 회색 판은 금속 진동판이며 노란색 판은 세라믹판이다.

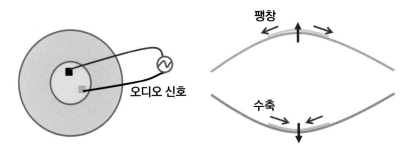

그림 4-1 오디오 신호에 의한 압전형 세라믹 스피커의 구동원리

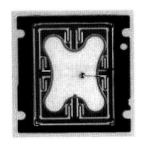 

[그림 4-2]는 휴대전화나 디지털 카메라 등 부피가 작은 기기에 쉽게 장착할 수 있는 피에조 스피커이다.

그림 4-2 휴대기기용 피에조 스피커의 예

2 tone( ) 함수로 피에조 스피커 소리내기

소리 파동은 공기압의 진동이다. 진동의 속도가 소리를 만든다. 높은 주파수의 진동이 더 높은 피치를 낸다. 보통 A음('라음에 해당)은 440Hz(헤르츠)로 정의된다. 이 소리를 듣기 위해서는 전기적 신호를 파동으로 바꾸어주는 무언가를 연결해야 한다. 이것이 스피커 혹은 피에조 스피커이다.

여기서 주파수(단위: Hz)는 같은 신호가 1초 동안 몇 번 진동하는가를 나타낸다. [그림 4-3]에 나타난 파형이 A지점에서 시작하여 B지점에 도달하는 데 걸리는 시간이 1초라면 이 시스템의 주파수는 1Hz이다. 즉, 같은 파형이 한 번만 나타나므로 주파수는 1Hz이다. 그러나 파형이 A지점에서 출발하여 C지점에 도달하는 데 걸리는 시간이 1초인 경우 주파수는 2Hz가 된다. 즉 같은 파형이 1초 동안에 두 번 나타나므로 주파수는 2Hz이다.

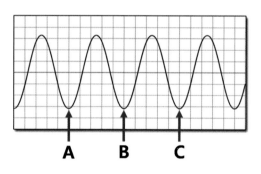

그림 4-3   **주파수 예**

그러면 앞에서 이야기한 A음 440Hz는 1초에 440번의 파형이 반복되어 생성된다는 것을 알 수 있다. 그리고 주기는 같은 신호가 나타나는 시간을 나타내므로 주파수의 역수이다. 이제 실제로 소리를 내는 회로를 만들고 소리를 내보자.

1) 회로 만들기

그림 4-4   피에조 스피커 회로

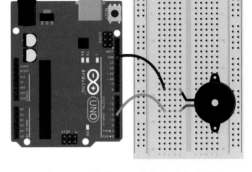

그림 4-5   피에조 스피커 소리내기 회로

점퍼선을 이용하여 피에조 스피커의 +를 4번에 연결하고 반대쪽을 GND에 연결한다.

2) 스케치하기

피에조 스피커에서 소리를 내기 위해서는 tone( )함수를 사용한다. tone( )함수를 호출하기 위해서는 tone( )함수에 핀 번호, 주파수 그리고 소리의 지속시간을 지정해 주어야 한다.

```
tone(핀 번호, 주파수, 지속시간);
```

실습에 사용되는 피에조 스피커는 다양한 소리를 만들어 낼 수 있다.

```
void setup(){
}
void loop(){
  tone(4, 3000, 1000);
  delay(2000);
}
```

3) 작동 설명

앞의 프로그램을 설명하면 다음과 같다. 핀 4번을 통하여 high/low신호를 3kHz(초당 3000
번)로 반복해서 내보내고 소리는 1000ms(1초) 동안 지속된다. 프로그램을 로딩하면 3kHz
의 소리가 계속 발생한다.

⚠ 주의

delay( )는 지속시간보다 크게 해주어야만 소리가 끊어져서 들리게 된다. 이유는 tone( )함수가
시작되자마자 그 다음 명령어인 delay( )함수가 실행되므로 만약 지속시간과 같거나 작게 되면 의
미가 없으므로 소리가 계속 나게 된다.

 **예제 4-1** **소리를 한 번만 내고 싶으면 프로그램을 어떻게 바꾸면 되겠는가?**

```
void setup(){
  tone(4, 3000, 1000);
  delay(2000);
}
void loop(){
}
```

디지털 스위치 회로 만들기

디지털은 0과 1로써 이루어진 것이다. 0일 경우 전원을 끄고(OFF) 1일 경우 전원을 켜는
(ON) 것이다. 디지털 스위치를 만들어 피에조 스피커로부터 소리를 내는 것과 동시에 LED
에 불이 켜지도록 한다. 1장에서 배운 회로와 소스를 참조하여 아래와 같이 꾸며보자.

1) 회로 꾸미기

점퍼선을 이용하여 13번을 저항(220Ω)의 한쪽 끝과 연결한다. 그리고 저항의 다른 쪽 끝을
LED의 '+'와 연결한 후, 점퍼선을 이용하여 피에조 스피커의 '-'극과 연결한다. 이때 [그림

4-6]처럼 GND에서 오는 점퍼선을 A 위치에 오도록 한다. 현재는 완전한 회로 연결이 되지 않은 상태이다.

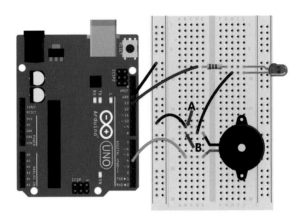

그림 4-6   디지털 스위치 회로 만들기

2) 스케치

```
void setup()
{
  pinMode(13, OUTPUT);        // 13번 핀을 출력으로 설정
}
void loop()
{
  tone(4, 3000, 1000);
  digitalWrite(13, HIGH);  // LED 켜기
}
```

3) 작동 방법

[그림 4-6]에서 GND 점퍼선의 끝 A를 B지점으로 넣었다가 뺐다가 하면 디지털 스위치가 된다. 현재 상태는 전체 회로가 연결되어 있지 않은 상태이다. 즉, A 지점 GND 점퍼선을 B 지점으로 연결하면 회로 전체가 연결되어 소리가 나는 동시에 LED가 켜지게 된다. 반대로 A 지점으로부터 점퍼선을 분리하면 소리가 멈추는 동시에 LED도 꺼지게 된다.

4 스위치를 누르는 동안 피에조 스피커 소리내기

3장에서 배운 스위치를 이 장에서 활용한다. 스위치를 매번 누르는 동안 소리를 내고 LED 가 켜지도록 한다.

1) 회로 만들기

스피커 연결 부분과 LED 부분은 3절과 같다. 스위치의 상태를 아두이노가 알아야 하므로 입력 단자를 7번으로 사용하였다. 점퍼선을 이용하여 7번과 저항(10KΩ)의 한쪽 끝을 연결한다. 그리고 이 저항과 점퍼선이 만나는 지점에 스위치의 한쪽을 연결한다. 저항의 다른 한쪽 끝은 GND와 연결한다. 스위치의 다른 한 쪽 끝을 +5V에 연결한다.

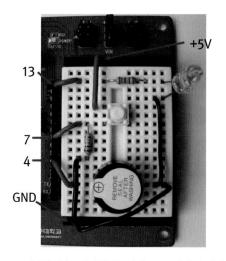

그림 4-7 스위치를 누르는 동안 피에조 스피커 소리내기 회로

2) 스케치

다음의 프로그램을 스케치한 후 아두이노에서 컴파일 버튼을 누르고 오류가 없으면 업로드 버튼을 누른다. 주의할 것은 업로드하기 전에 USB 케이블이 연결되어야 한다는 점이다.

```
// 예제: 버튼이 눌려있는 동안 소리내기와 LED 켜기
int buttonPin = 7;      // 푸시 버튼이 연결된 번호
int ledPin =  13;       // LED가 사용하는 핀 번호
int buttonState = 0;    // 입력핀의 상태를 저장하기 위함
void setup() {
  pinMode(ledPin, OUTPUT);     // LED는 출력으로 설정
  pinMode(buttonPin, INPUT);   // 푸시 버튼은 입력으로 설정
}
void loop() {
  buttonState = digitalRead(buttonPin);  //입력 값을 읽고 저장
  // 버튼이 눌렸는지 확인, 버튼이 눌렸으면 입력 핀의 상태는 HIGH가됨
  if (buttonState == HIGH) {
    digitalWrite(ledPin, HIGH);  // LED 켬
    tone(4, 3000);
  }
  else {
    digitalWrite(ledPin, LOW);  // LED 끔
    noTone(4);
  }
}
```

[코드에 사용된 명령어]

위의 코드에 사용된 명령어는 다음과 같다.

　　pinMode( )

　　digitalWrite( )

　　digitalRead( )

　　if( )

　　else( )

　　noTone( )

명령어를 자세히 살펴보자.

- pinMode(pin, mode) // 사용되는 아두이노 핀의 입력 또는 출력으로 설정한다. mode 는 OUTPUT 또는 INPUT을 사용한다.
- digitalWrite(pin, value) // 디지털 핀의 값을 저장한다. value는 HIGH 또는 LOW를 사용한다.
- digitalRead(pin) // 읽으려는 디지털 핀의 번호이다. pin의 값은 HIGH 또는 LOW 값 을 리턴한다.
- if(상태) // if( )는 괄호 안에 조건문을 작성하고 조건이 참일 때 바로 아래의 코드 블록 이 실행된다. 조건이 거짓일 때는 else 뒤의 코드 블록이 실행된다. if 조건문에서 (but-tonState == HIGH)가 사용될 때 "=="는 두 항목을 비교하고, 참(TRUE) 또는 거짓 (FALSE)을 반환한다. 이때 "="를 사용하면 오류가 발생된다.
- else( ) // if( ) 조건문이 거짓일 때 else 뒤의 명령문이 실행된다.
- noTone( ) // 소리를 내지 않는 함수이다. 핀 번호만 주면 된다.

3) 작동 설명

회로를 완성하고 프로그램을 다운로드 받은 후 작성한 명령이 수행되는지 확인해 본다. USB 케이블이 연결되어 있는지 확인한 후 업로드 버튼을 누른다. 버튼을 누르는 동안 소리가 나고 LED가 켜지며, 떼었을 때 소리도 멈추고 LED도 꺼지면 원래 우리가 계획했던 스위치에 의한 소리와 LED 켜기는 완성된 것이다.

스위치를 누를 때마다 소리 다르게 내기

스위치를 누를 때마다 다른 소리를 내 본다.

1) 회로 만들기

4번 항목과 동일

2) 스케치

```
int buttonPin = 7;      // 푸시 버튼이 연결된 번호
int ledPin =  13;       // LED가 사용하는 핀 번호
int speakerPin = 4;
int buttonState = 0;    // 입력 핀의 상태를 저장하기 위함
int count = 0;
int notes[] = {2093, 2349, 2637, 2794, 3136};
void setup() {
  pinMode(ledPin, OUTPUT);      // LED는 출력으로 설정
  pinMode(buttonPin, INPUT);    // 푸시 버튼은 입력으로 설정
  pinMode(speakerPin, OUTPUT);  // speakerPin을 출력으로 설정
}
void loop() {
  buttonState = digitalRead(buttonPin); // 입력 값을 읽고 저장
  if (buttonState == 1) {
    if (count % 5 == 0) {
      digitalWrite(ledPin, HIGH);  // LED 켬
      count++;
      tone(speakerPin, notes[0], 100);
    }
    else if (count % 5 == 1) {
      digitalWrite(ledPin, HIGH);  // LED 켬
      count++;
      tone(speakerPin, notes[1], 100);
    }
    else if (count % 5 == 2) {
      digitalWrite(ledPin, HIGH);  // LED 켬
      count++;
      tone(speakerPin, notes[2], 100);
    }
    else if (count % 5 == 3) {
      digitalWrite(ledPin, HIGH);  // LED 켬
      count++;
      tone(speakerPin, notes[3], 100);
    }
```

```
    else if (count % 5 == 4) {
      digitalWrite(ledPin, HIGH);  // LED 켬
      count++;
      tone(speakerPin, notes[4], 100);
    }
  }
  else {
    digitalWrite(ledPin, LOW);  // LED 끔
    noTone(speakerPin);
  }
  delay(500);
}
```

3) 작동 설명

[그림 4-7]에서 하얀 버튼을 누를 때마다 다른 소리가 들리게 된다. 다섯 가지의 소리 종류를 사용한다. 소리(주파수)는 배열 "notes[]"에 정의해 놓았다. 배열은 하나의 변수에 여러 개의 데이터를 가질 수 있는 것이다. 스위치가 눌러졌는지는 "if(buttonState == 1){"에서 파악한다. 스위치가 눌리면 이것이 참이 되어 중괄호('{'와 '}') 안의 코드가 실행된다. 소리 종류의 선택은 나머지 연산자 '%'를 이용한다. 나머지 연산자는 분자를 분모로 나눈 후 그 나머지 값을 되돌려 주는 것이다. 예를 들면, "3%5"의 경우 몫은 0이고 나머지는 3이므로 결과 값은 3이다. "9%5"는 결과 값이 몫은 1이고 나머지는 4이므로 결과 값은 4이다. 프로그램에서 "if(count%5 == 0){"인 경우는 현재의 count값을 5로 나누었을 때 그 결과가 4와 같으면 중괄호 내부를 실행하고 그렇지 않으면 다음 조건으로 넘어간다. count값은 스위치를 매번 누를 때마다 1씩 증가한다. 여기서는 증감 연산자 '++'를 사용하였다. 이것은 1을 자기 자신에게 더하는 것이다. 프로그램을 로딩한 후 버튼을 누를 때마다 이 count값을 5로 나누어서 나머지를 되돌려 주며 count 값을 1 증가시킨다. 그 결과 나머지에 해당하는 번째의 주파수를 note[]에서 가져오고 이 주파수를 소리로 낸다. 스위치를 계속 누르고 있으면 카운트가 증가하므로 연속해서 다른 소리를 낸다. 스위치를 누르는 동안 소리를 내는 동시에 LED가 켜지며, 스위치에서 손을 떼면 소리가 나오지 않으며 동시에 LED도 꺼진다.

요약

- 피에조 스피커의 원리를 이해하기
- tone( )함수를 이용하여 피에조 스피커 소리내기
- 디지털 스위치를 이용하여 소리내기
- 스위치를 이용하여 소리내기와 LED 켜기를 동시에 하기
- 스위치를 누를 때마다 다른 소리를 내기

자가평가

항목	확인 내용	확인	
		O	X
1	전자 부품에서 소리를 내는 것을 스피커라 한다.		
2	10Hz는 10초에 10번 파형이 나오는 것이다.		
3	tone( )함수의 인자는 핀 번호, 주파수 그리고 주기이다.		
4	나머지를 구하는 연산자는 '%'이다.		
5	스위치는 pinMode( )함수에서 핀 번호와 INPUT을 함수 내에 넣어야 한다.		

연습문제

1. 소리를 내는 전자 부품으로 압전을 이용한 부품은 무엇인가?

2. 스위치의 풀업 저항으로 회로에 사용된 저항 값은?

3. 스위치를 누르면 아누이노는 얼마의 값을 가져 오는가?

4. 소리를 내지 않는 함수는?

① digitalRead( )   ② pinMode( )

③ noTone( )   ④ digitalWrite( )

5. tone( )함수 내의 지속 시간이 delay( ) 내의 시간보다 작거나 같을 경우 맞는 설명은?

① 프로그램이 오류가 나서 작동하지 않는다.

② 소리가 멈춘다

③ 소리가 tone( )함수 내의 지속시간 만큼만 나온다.

④ 소리가 계속 나온다.

6. 사람은 200Hz~2000Khz의 소리를 들을 수 있다. [O/X]

7. 소리 파동은 공기압의 진동이다. [O/X]

8. if(조건식)문은 조건식이 참일 때 이후 문장이 수행된다. [O/X]

[정답]

1. 피에조 스피커   2. 10KΩ   3. O   4. ③   5. ③   6.   X   7. O   8. O

미션과제

• 스위치를 눌렀을 때 짝수 번째이면 소리가 2번 나면서 LED도 두 번 켜지게 하며, 홀수 번째이면 1번 소리가 나며 LED도 한 번 켜지는 프로그램을 작성해보자.

[정답]

http://cafe.naver.com/arduinocafe 네이버 "내사랑 아두이노" 카페 참조

05

피에조 작곡하기
(떴다떴다 비행기: 미레도레 미미미)

수업목표

- 피에조 스피커를 이용하여 음악을 연주하는 회로를 구성할 수 있다.
- pitches.h를 인터넷에서 다운 받아서 내 프로그램에 포함시킬 수 있다.
- 피에조 스피커로 음악을 연주하는 프로그램을 작성할 수 있다.

내용요약

- 아두이노로 음악 소리를 만드는 방법을 배운다.
- 피에조 스피커와 점퍼선으로 음악을 연주할 수 있는 회로를 만든다.
- tone( ) 함수를 이용하여 음악 소리를 출력하는 프로그램을 작성한다.

사용부품

- 아두이노, 브레드보드, USB 케이블, 점퍼선
- 피에조 스피커

우리가 생활하면서 듣는 수많은 소리는 바로 공기 속을 전해오는 파동이다. 즉, 우리가 소리를 들을 수 있는 것은 공기가 진동하기 때문이다. 공기의 파동은 주파수(진동수)를 가진다. 주파수가 높으면 높은 소리, 주파수가 낮으면 낮은 소리가 난다. 우리가 듣는 '도(C)' 음의 주파수는 262Hz인데 이것은 공기가 1초에 262번 진동하는 소리라는 뜻이다. 아두이노는 1초에 262번 전기 스위치를 켜고 끄기를 반복하여 이 음을 만들어낸다. 아두이노의 부품 중에서 이 역할을 하는 것이 바로 피에조 스피커이다.

① 피에조 스피커 회로 만들기

아두이노에서 피에조 스피커를 이용하여 회로를 만드는 방법은 4장에서 학습하였다. 4장과 마찬가지로 파워는 5V를 사용하고 피에조 스피커는 (+)와 (−)를 확인한 다음, (+)쪽은 디지털 핀 8번에 연결하고 (−)쪽은 GND에 연결한다.

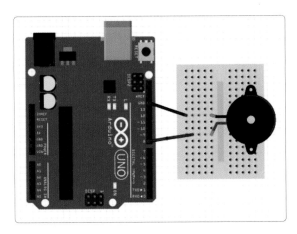

그림 5-1 피에조 스피커 회로

② toneMelody 예제 파일 사용하기

그림 5-2 toneMelody예제의 pitches.h

아두이노 메뉴에서 [파일] 〉 [예제] 〉 [02.digital-toneMelody]를 선택하면 toneMelody 스케치가 열린다. toneMelody 탭 옆에 pitches.h가 보인다. 이 파일을 헤더 파일이라고 한다. pitches.h 파일은 각 음계의 주파수 값을 사람이 인식할 수 있는 계이름으로 미리 정의해 둔 파일이다. 예를 들어, #define NOTE_C4 262는 주파수 값 262를 NOTE_C4로 정의하여 262라는 숫자 대신 이해하고 기억하기 쉬운 NOTE_C4를 사용할 수 있도록 해준다. 계이름에 들어 있는 [C, D, E, F, G, A, B, C]는 [도, 레, 미, 파, 솔, 라, 시, 도]라는 의미이다. C4가 '중간 도(가온 도)'이고 C3은 '낮은 도', C5는 '높은 도'이다.

[그림 5-3]은 pitches.h의 파일 내용이다.

그림 5-3 pitches.h 헤더 파일의 내용

헤더 파일 pitches.h는 http://cafe.naver.com/arduinocafe/1916 또는 http://arduino.cc/en/tutorial/tone3에서 다운로드 받을 수 있다. 이 파일에 정의된 값들을 살펴보면 다음 표와 같다.

NOTE_B0	31	NOTE_AS2	117	NOTE_A4	440	NOTE_GS6	1161
NOTE_C1	33	NOTE_B2	123	NOTE_AS4	466	NOTE_A6	1760
NOTE_CS1	35	NOTE_C3	131	NOTE_B4	494	NOTE_AS6	1865
NOTE_D1	37	NOTE_CS3	139	NOTE_C5	523	NOTE_B6	1976
NOTE_DS1	39	NOTE_D3	147	NOTE_CS5	554	NOTE_C7	2093
NOTE_E1	41	NOTE_DS3	156	NOTE_D5	587	NOTE_CS7	2217
NOTE_F1	44	NOTE_E3	165	NOTE_DS5	622	NOTE_D7	2349
NOTE_FS1	46	NOTE_F3	175	NOTE_E5	659	NOTE_DS7	2489
NOTE_G1	49	NOTE_FS3	185	NOTE_F5	698	NOTE_E7	2637
NOTE_GS1	52	NOTE_G3	196	NOTE_FS5	740	NOTE_F7	2794
NOTE_A1	55	NOTE_GS3	208	NOTE_G5	784	NOTE_FS7	2960
NOTE_AS1	58	NOTE_A3	220	NOTE_GS5	831	NOTE_G7	3136
NOTE_B1	62	NOTE_AS3	233	NOTE_A5	880	NOTE_GS7	3322
NOTE_C2	65	NOTE_B3	247	NOTE_AS5	932	NOTE_A7	3520
NOTE_CS2	69	NOTE_C4	262	NOTE_B5	988	NOTE_AS7	3729
NOTE_D2	73	NOTE_CS4	277	NOTE_C6	1047	NOTE_B7	3951
NOTE_DS2	78	NOTE_D4	294	NOTE_CS6	1109	NOTE_C8	4186
NOTE_E2	82	NOTE_DS4	311	NOTE_D6	1175	NOTE_CS8	4435
NOTE_F2	87	NOTE_E4	330	NOTE_DS6	1245	NOTE_D8	4699
NOTE_FS2	93	NOTE_F4	349	NOTE_E6	1319	NOTE_DS8	4978
NOTE_G2	98	NOTE_FS4	370	NOTE_F6	1397		
NOTE_GS2	104	NOTE_G4	392	NOTE_FS6	1480		
NOTE_A2	110	NOTE_GS4	415	NOTE_G6	1568		

toneMelody 파일을 실행시켜보자.

"딴따라단따 딴딴"으로 소리가 나면 성공이다. 이 파일에 사용된 스케치를 살펴보자.

```
#include "pitches.h"
int melody[] = { NOTE_C4, NOTE_G3, NOTE_G3, NOTE_A3, NOTE_G3,
                 0, NOTE_B3, NOTE_C4};
int noteDurations[] = { 4, 8, 8, 4, 4, 4, 4, 4 };
void setup() {
  for (int thisNote = 0; thisNote < 8; thisNote++) {
    int noteDuration = 1000/noteDurations[thisNote];
    tone(8, melody[thisNote], noteDuration);
    int pauseBetweenNotes = noteDuration * 1.30;
    delay(pauseBetweenNotes);
    noTone(8);
  }
}
void loop() {
}
```

[스케치에 사용된 새로운 명령어]

#include "pitches.h"

int melody[]={　}

for (조건문)

새로운 명령어를 살펴보자.

- #include "pitches.h"

  프로그램의 맨 처음에 적는다. 이 명령어는 우리가 작성하고 있는 음악 연주 프로그램
  에 "pitches.h" 파일을 포함시켜 주파수 값(숫자) 대신 음계를 사용할 수 있도록 해준다.

- int melody[]={　}

  지정된 데이터들을 모아두는 것을 배열(array)이라고 한다. 배열은 같은 형의 데이터를
  연속하여 저장하는 장소이다. 배열은 데이터가 입력된 순서대로 0번째, 1번째, 2번째, …
  의 순서가 된다. 이곳에서는 음표들과 음길이 데이터를 모아 두었다.

int noteDurations[] = { 4, 8, 8, 4, 4, 4, 4, 4 };

의 의미는 정수형 배열이고 이름은 noteDurations이다. 들어 있는 데이터는 다음 표처럼 순서대로 방에 들어 있는 것과 같다.

순서	0	1	2	3	4	5	6	7
데이터	4	8	8	4	4	4	4	4

이 배열의 내용은 음의 길이를 나타낸다. 4는 4분음표, 8은 8분음표 길이이다.

음의 길이는 $\dfrac{1000}{박자}$ 이다. 음의 박자가 4이면 음의 길이는 $\dfrac{1000}{4}$ = 250이므로 0.25초 동안 소리가 난다. 음의 박자가 8이면 $\dfrac{1000}{8}$ = 125이므로 0.125초 동안 소리가 난다.

- for(조건문)

  for( ) 다음에 나오는 중괄호 { } 안의 내용을 조건만큼 반복하는 명령이다. loop()함수가 무한정 반복하는 함수라면 for( )는 정해진 횟수만큼 뒤에 나오는 중괄호 { } 안의 명령어를 반복 수행한다.

```
for(int i = 0; i < 8; i++) {
  tone(8, 음표, 길이);
}
```

위의 코드는 중괄호 { } 블록을 한 번 수행할 때마다 1씩 증가하는 변수 i의 값이 0부터 8보다 작을 때까지, 즉 0부터 7까지 8번 블록 안의 tone(8, 음표, 길이); 명령을 반복 수행하라는 의미이다.

- int melody[] = { NOTE_C4, NOTE_G3,NOTE_G3, NOTE_A3, NOTE_G3, 0, NOTE_B3, NOTE_C4};

에 들어 있는 음표는 다음 표와 같다.

순서	0	1	2	3	4	5	6	7
데이터	도	솔	솔	라	솔	없음(쉼표)	시	도

pitches.h 파일에 보면 같은 "도"인데 높이가 서로 다른 음이 있다.

#define NOTE_C1 33 은 주파수가 33인 가장 낮은 도이고

#define NOTE_C2 65 은 주파수가 65인 도,

#define NOTE_C3 131 은 주파수가 131인 도이다.

모두 도이지만 서로 높이가 다르다. 음악에 따라 골라서 사용하면 된다.

 # 음악 만들기

pitches.h 파일을 이용하여 "떴다떴다 비행기"를 만들어 보자. 계명은 "미레도레 미미미"
이다.

음배열 만들기

음의 배열 이름을 "ms1" 이라고 하고 배열을 만든다. 배열 안에 들어 있는 데이터로 초기화
된다.

int ms1[]={NOTE_E4, NOTE_D4, NOTE_C4, NOTE_D4, NOTE_E4, NOTE_E4,
NOTE_E4};

음 길이 배열 이름을 "ms2"라고 하고 배열을 만든다.

int ms2[] = {4, 4, 4, 4, 4, 4, 4};

모두 같은 길이로 실행시킨 후 음표 길이를 바꿔보자. 음의 길이는 음을 지속하는 시간으
로 나타낸다.

int ms2[] = {3, 8, 4, 4, 4, 4, 4 }; 에서 한 박자는 4이고 3은 한 박자 반을 나타낸다. 음의
길이는 $\frac{1000}{박자}$ 이므로, $\frac{1000}{3}$ = 약 333이 되어 한 박자 반과 같은 효과가 난다. 8은 $\frac{1000}{8}$
=125가 되어 반 박자처럼 들린다.

다음 스케치를 입력해보자.

```
#include "pitches.h" //헤더 파일
int ms1[] = {NOTE_E4, NOTE_D4, NOTE_C4, NOTE_D4, NOTE_E4, NOTE_E4,
             NOTE_E4};
int ms2[] = {3,8,4,4,4,4,4 };  // 3은 1.5박자, 8은 8분음표 길이
void setup() {
  for (int i = 0; i < 7; i++) {
    int ms = 1000/ms2[i];
    tone(8, ms1[i],ms);
    int j = ms * 1.30;
    delay(j);
    noTone(8);
  }
}
void loop() {
}
```

스케치가 완성되었으면 실행시켜보자. 실행이 되면 메뉴에서 [파일] 〉[다른 이름으로 저장]을 누르고 myMusic으로 저장하자. 만약 "pitches.h" 헤더 파일이 없어서 오류가 발생할 경우 헤더 파일을 만들어야 한다.

4 pitches.h 헤더 파일 만들기

1. 아두이노 메뉴에서 오른쪽 맨 끝의 삼각형 단추를 누르고 [새 탭]을 선택한다.

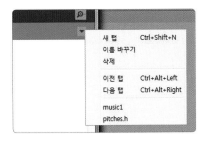

그림 5-4   새 탭 만들기

2. 새로운 파일 이름란에 pitches.h를 입력한다.

그림 5-5 새 탭의 "새로운 파일"에 파일 이름 적기

3. [확인] 단추를 누른다.

4. 헤더 파일 소스 코드를 아래의 인터넷 카페에서 복사하여 붙이기한다.

http://cafe.naver.com/arduinocafe/1916

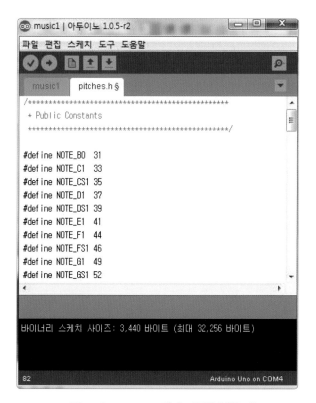

그림 5-6 pitchs.h 헤더 파일을 넣은 예

요약

- tone( )을 이용하여 음을 만든다.
- pitches.h 파일을 보고 음을 찾을 수 있다.
- 배열을 만들고 데이터를 넣을 수 있다.
- for( ) 제어문을 이용하여 데이터를 읽을 수 있다.
- 내가 원하는 간단한 음악을 만들 수 있다.

자가평가

항목	확인 내용	확인	
		O	X
1	tone( )을 사용할 수 있다.		
2	배열을 만들 수 있다.		
3	배열의 데이터를 읽을 수 있다.		
4	for( ) 문을 사용하여 배열의 데이터를 읽을 수 있다.		
5	음의 박자를 만들 수 있다.		

연습문제

1. 아두이노에서 tone( )을 이용하여 음을 내려면 어떤 매개 변수가 필요한가?

2. int는 어떤 의미인가?

3. 정수 1, 2, 3, 4, 5를 배열 arr에 초기화하는 명령은?

4. int arr[]={1,2,3}; 일때 arr[1]의 값은?

5. 음의 박자를 계산하는 방법은?

6. 배열은 같은 형의 데이터를 저장하는 장소이다. [O/X]

7. for(조건문){ }은 조건에 따라 실행되는 횟수가 다르다. [O/X]

8. 헤더 파일은 사용자가 만들 수 없다. [O/X]

[정답]

1. 핀 번호, 주파수, 시간   2. 정수   3. int a[]={1,2,3,4,5};   4. 2(첫 번째 데이터는 0번째이다.)
5. 1000/박자배열 값   6. O   7. O   8. X

 ## 미션과제

- 다음 악보는 동요 "곰 세마리"의 일부분이다. pitches.h 헤더 파일을 이용하여 음악을 만들어보자.

[힌트]

C는 도, G는 솔, E는 미 음계를 의미한다.

음의 길이는 한 박자는 4, 반 박자는 8을 적용한다.

[정답]

http://cafe.naver.com/arduinocafe 네이버 "내사랑 아두이노" 카페 참조

CHAPTER

06

컴퓨터와 아두이노
대화하기

아두이노 보드는 컴퓨터와 USB 케이블을 통하여 대화할 수 있다. 대화하기 위해서는 먼저 시리얼 통신 속도를 설정해야 한다. 통신 속도라는 것은 초당 전송할 수 있는 데이터의 비트 수로 측정되는데 통신 속도가 9600 보오드(baud)라고 하면 1초당 9600 비트로 데이터를 주고받는다는 의미이다.

일반적으로 컴퓨터의 시리얼 모니터 통신 속도는 9600 bps(초당 전송비트)이고 컴퓨터와 아두이노의 통신 속도를 일치시켜야 하므로 여기서는 9600으로 설정한다.

아두이노에게 "HI" 메시지를 한 번만 보내기

1) 아두이노 프로그램을 열고 다음 코드를 입력하자.

```
void setup(){           // 한 번 실행
  Serial.begin(9600);   // 통신 속도 설정
  Serial.print("HI");   // 시리얼 모니터에 보내는 내용
}
void loop(){            // 여러 번 실행
}
```

- setup( ) 함수에 적는 내용은 한 번만 실행된다.
- Serial.begin(9600)에서 S는 대문자이다. Serial.begin에서 (.)은 반점(쉼표)이 아니고 온점(점)이다.
- loop( )함수는 계속 반복 수행되는 부분이므로 "HI"를 여러 번 표시하려면 이곳에 적는다.
- 스케치가 완료되면 화살표가 있는[업로드] 버튼을 클릭한다. 반드시 [도구] 메뉴에서 [보드]가 정확히 선택되었는지 [시리얼 포트] 번호가 맞는지 확인한다.
- 업로드가 완료되면 메시지 칸에 "업로드 완료" 메시지가 출력된다.
- 메뉴 오른쪽에 있는 시리얼 모니터 버튼을 열어본다.
- 아래와 같은 결과가 나타나면 성공이다.

- 테스트가 완료되었으면 [파일] 〉 [다른 이름으로 저장]을 선택하여 스케치 이름을 "HI"
로 저장하자.

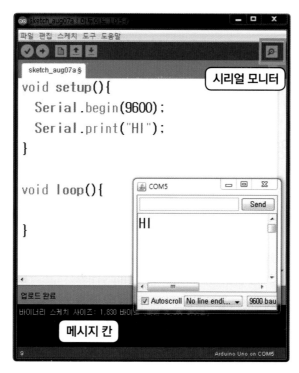

그림 6-1 시리얼 모니터 활용

2 아두이노에게 "HI" 메시지를 여러 번 보내기

시리얼 모니터에 "HI"를 한 번 보내는 데 성공하였다면 이제 시리얼 통신을 할 수 있게 된
것이다. 시리얼 통신으로 메시지를 반복하여 여러 번 보내보자. 먼저 아두이노 프로그램을
열고 스케치를 고친다. 스케치의 어느 부분을 고치면 될지 생각해 보자.

🔍 참고
setup( ) 함수는 한 번 실행시키는 함수이고 loop( ) 함수는 반복하여 계속 실행시키는 함수이다.
Serial.print("HI"); 명령어를 어느 부분에 입력할지 적어보자.

```
void setup(){
  Serial.begin(9600);
}
void loop(){
  ┌─────────────────────────────────────┐
  │                                     │
  └─────────────────────────────────────┘
  delay(1000);
}
```

해답은 Serial.print("HI"); 함수를 loop( ) 함수에 적는 것이다.

```
void setup(){
  Serial.begin(9600);
}
void loop(){
  Serial.print("HI");
  delay(1000);
}
```

그리고 한 가지 추가된 내용은 delay(1000); 이다 이 명령은 시리얼 모니터에 문자를 입력할 때 1초간 간격을 둔다는 의미이다. 1000은 1000msec 이므로 0.5초 간격으로 표시하려면 500을 입력하면 된다. 아래 [그림 6-2]와 같은 결과가 나타난다.

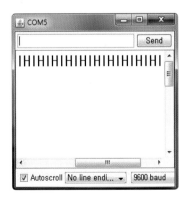

그림 6-2   시리얼 모니터

"HI"가 연속으로 출력되므로 좀 더 보기에 편리하게 다음 줄에 표시하려면 Serial.
print("HI"); 대신에 Serial.println("HI"); 을 입력한다.

```
void setup(){
  Serial.begin(9600);
  }
void loop(){
  Serial.println("HI");    //다음 줄에 표시하기
  delay(1000);
}
```

다음 그림과 같은 결과가 나타난다.

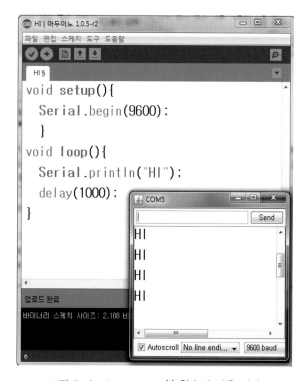

그림 6-3   Serial.println( ) 함수의 사용 결과

③ 시리얼 모니터에 숫자를 보내고 숫자를 증가시키기

아두이노가 1초마다 숫자를 하나씩 증가시키고 이 값을 컴퓨터로 보내는 스케치를 작성해
보자. 아두이노가 컴퓨터에 숫자를 보내는 방법은 〈문자를 보내는 방법 ❶, ❷〉와 동일
하다. 먼저 숫자를 증가시키는 스케치를 살펴보자.

```
void setup(){
  Serial.begin(9600);  // 통신 속도 9600
}
int cnt=0;             // 숫자를 저장하는 방
void loop(){
  Serial.println(cnt); // 숫자를 표시
  delay(1000);         // 1초를 대기
  cnt++;               // 숫자를 1씩 증가
}
```

숫자를 증가시키는 스케치를 만들려면 증가시키는 숫자를 저장하는 방이 필요하다. 이 스
케치에서는 int cnt =0; 이라는 방을 만들었다. 방의 종류는 int(정수형) 방이고 방의 이름
은 cnt이다. cnt 안에는 최초로 0이 저장되어 있는 상태이다. 이러한 임시 저장 방을 변수
(Variable)라고 한다.

변수 이름은 예약 변수명을 제외하고 마음대로 만들어서 사용할 수 있다.

변수는 데이터를 저장하는 장소이다.
변수 상자의 이름은 'cnt'이고
그 안에 데이터 0이 들어간다.

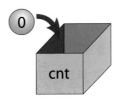

그림 6-4 변수의 예

c++;는 숫자를 1씩 증가시키라는 의미이다. 2씩 증가시키려면 "c+=2;"를 입력하면 된다.

숫자를 1부터 10까지만 증가시키기

시리얼 모니터로 숫자를 증가시키는 실습을 앞에서 했다. 이번에는 1부터 10까지만 증가시키는 스케치를 작성해보자. 계속 반복해서 숫자를 증가시키므로 loop( ) 함수에 스케치를 입력한다.

```
void setup(){
  Serial.begin(9600);    // 통신 속도 9600
}
int cnt=0;               // 숫자를 저장하는 방
void loop(){
  Serial.println(cnt);  // 숫자를 표시
  delay(1000);          // 1초를 대기
  cnt++;
  if(cnt>10) cnt=0;      // cnt가 10보다 크면 cnt는 0이 됨

}
```

- 스케치를 입력한다.
- 컴파일 후 아두이노에 업로드한다.
- 시리얼 모니터를 열어서 출력을 확인한다.
- 명령어 if(cnt>10) cnt=0; 는 조건문이라고 하는데 "만약 cnt가 10보다 크면 cnt는 0으로 하라"는 의미이다.

프로그래밍을 할 때 if( ) 문은 자주 사용된다. 예를 들면 "사람이 오면 문을 열어라"와 같이 특정한 조건을 주고 명령을 할 때 사용된다.

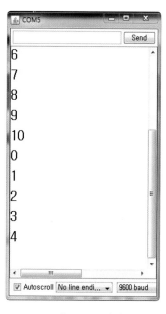

그림 6-5 결과

```
// 사람이 오면 문을 열어라 스케치
if (사람이 오면)  {
    문을 열어라;
}
```

if( ) 함수를 사용할 때 명령어가 한 줄이면 { }을 생략할 수 있다. 여러 줄이면 반드시 { }를 사용해야 한다. 같은 프로그램을 다른 방법으로 만들 수도 있다. 이 스케치는 if( ) 조건문 대신에 for( ) 문을 사용하여 작성할 수도 있다.

```
int cnt=0;                        // 숫자를 저장하는 방
void loop(){
  for(cnt=0; cnt<=10; cnt++) {    // 0부터 10까지 반복
    Serial.println(cnt);          // 숫자를 표시
    delay(1000);                  // 1초를 대기
  }
}
```

for( ) 조건문은 명령을 실행하는 범위를 지정해 준다.

for(시작값, 범위, 증가분) {

  명령어

}

5 계산 문제 풀어보기

아두이노는 작은 컴퓨터이므로 계산 문제를 풀 수도 있다. 더하기(+), 빼기(−), 곱하기(×), 나누기(÷) 등 산술 연산자뿐 아니라 논리 연산도 가능하다. 이번 실습에서 "2+3=5"를 계산 해보자

```
void setup(){
  Serial.begin(9600);          // 통신 속도 9600
  int a=2;                     // a에 2를 저장
  int b=3;                     // b에 3을 저장
  int c = a+b;                 // c에 a+b를 저장
  Serial.print("a + b = ");
  Serial.println(c);           // c를 출력
}
void loop(){
}
```

이 스케치에서는 3개의 변수 방이 필요하므로 변수를 3개 만든다. 그리고 출력은 "a+b="를 표시하고 변수 c에 저장된 값을 출력한다. int a=2; 는 변수 a에 2를 저장한다는 의미이다.

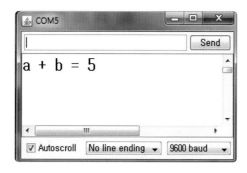

그림 6-6 두 수를 더한 결과

요약

- 시리얼 모니터는 아두이노와 컴퓨터가 통신한 결과를 나타내는 창이다.
- Seiral.print( )를 이용하여 시리얼 모니터에 "HI"를 보낸다.
- 숫자를 나타내거나 증가시켜 시리얼 모니터에 나타낸다.
- if( ) 또는 for( ) 제어문을 이용하여 1부터 10까지 아두이노에서 컴퓨터로 보낼 수 있다.
- 아두이노로 수학 계산을 할 수 있다.

자가평가

항목	확인 내용	확인	
		O	X
1	시리얼 모니터를 통해 문자를 출력할 수 있다.		
2	시리얼 모니터를 통해 숫자를 출력할 수 있다.		
3	시리얼 모니터를 통해 숫자를 증가시킬 수 있다.		
4	if( ) 문을 사용하여 1~10까지 출력할 수 있다.		
5	for( ) 문을 사용하여 1~10까지 출력할 수 있다.		
6	시리얼 모니터를 통해 수학 계산을 할 수 있다.		

연습문제

1. 아두이노에서 시리얼 모니터에 "HI"를 한 번만 출력하려면 어느 함수에 명령을 입력해야 하는가?

2. Serial.begin(9600);에서 9600은 무엇을 의미하나?

3. 시리얼 모니터로 문자를 출력하기 위해서 사용하는 명령어는?

4. 다음 중 올바르게 사용한 명령어는?

① serial.print( );   ② Serial.Print( );   ③ Serial.print( );   ④ serial.Print( );

5. 아두이노와 컴퓨터가 시리얼 케이블을 이용하여 통신하는 방법은?

① 케이블 통신   ② 시리얼 통신   ③ 블루투스 통신   ④ 와이파이 통신

6. 변수는 데이터를 저장하는 장소이다. [O/X]

7. if(a)3)의 의미는 a가 3보다 크면 다음 명령을 실행하라는 의미이다. [O/X]

8. 아두이노에서는 수학 계산을 할 수 없다. [O/X]

[정답]

1. setup( ) 함수   2. 통신 속도   3. Serial.print( );   4. ③   5. ②   6. O   7. O   8. X

 미션과제

• 시리얼 통신으로 숫자를 1~10까지 증가시키고 그 합을 출력하라.

[힌트]

숫자를 증가시키기 위해 for( ) 함수를 이용한다.
변수를 만든다.

[정답]

http://cafe.naver.com/arduinocafe 네이버 "내사랑 아두이노" 카페 참조

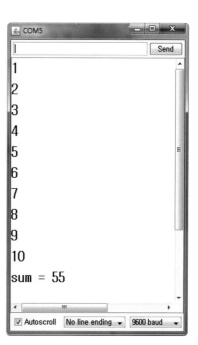

그림 6-7   1부터 10까지의 합

07

가변저항기로
아날로그 값 읽기

- 가변저항으로 아날로그 입력을 실습한다.
- PWM(pulse width modulation) 출력 원리를 이해한다.
- LED 불빛 아날로그 출력을 만들어보자.
- 아날로그 입력과 아날로그 출력을 서로 연결해보자.

수업내용

- 아날로그 입력 회로 만들기
- 아날로그 출력 회로 만들기
- 아날로그 입력과 아날로그 출력 회로 연결하고 동작시키기

사용부품

- 아두이노, 브레드보드, USB 케이블, 점퍼선 - 가변저항기 1개
- 220Ω 저항(빨강-빨강-갈색) 1개 - LED 1개

① 실습에 대한 설명

가변저항기(포텐셔미터: Potentiometer)는 저항 값의 크기를 임의로 변경할 수 있는 전자부품이다. 실습에 사용할 가변저항기는 0~10 KΩ 사이의 저항 값을 놉으로 회전하여 변경할 수 있다.

이 장에서는 저항값 변경이 용이한 가변저항기로 아날로그 입력조건을 만들고, 아두이노가 가변저항 값을 읽어 들이는 과정을 실습해보자. 읽어 들인 아날로그 값들을 시리얼 모니터로 확인할 수 있으면, 다음 단계로 아날로그 값들을 출력하는 PWM(pulse width modulation)을 살펴볼 것이다. PWM 아날로그 출력은 LED 불빛의 세기를 조절하는 방법으로 시도해볼 수 있다. 이제 아날로그 입력과 출력방법에 대하여 각각 연습해본 실습을 아두이노에서 연결해보자. 가변저항기로 읽어 들인 아날로그 입력신호에 따라 아날로그 출력에 해당하는 LED 불빛 세기를 변경해보자.

② 가변저항기 응용회로 만들기

1) 아날로그 입력회로 만들기

그림 7-1   점퍼선의 아두이노 연결

그림 7-2   점퍼선의 가변저항기 연결

가변저항기는 3개의 전기적 연결핀을 가지고 있는데, 양쪽 끝 단자는 접지(검은색)와 5V 전원(빨강색)을 공급하고, 중간 단자는 가변저항 크기를 나타낼 수 있도록 아두이노 아날로그 핀 A0에 점퍼선(노랑색)을 연결한다.

2) 아날로그 LED 출력 회로 만들기

아날로그 출력을 위한 LED 회로는 이전의 LED 회로와 동일하다. 다만 PWM 출력을 만들 수 있도록 ~ 표시가 된 디지털 핀을 사용하면 된다. 여기서는 디지털 핀 11번(빨강)을 LED의 양극에 연결하고, 과전류를 방지하기 위하여 220Ω 저항을 직렬로 연결한 다음 아두이노의 접지(검정)로 연결한다.

그림 7-3　저항과 LED 출력 회로

그림 7-4　LED 양극(+)핀 연결

3) 아날로그 입력 및 아날로그 출력 회로 함께 연결하기

아날로그 입력과 아날로그 출력신호를 동시에 처리하기 위하여 위의 두 가지 회로를 동시에 함께 구성하면 [그림 7-5]와 같다.

그림 7-5　가변저항기와 LED 출력 회로

3 ## 스케치 작성하기와 실행

1) 가변저항기 아날로그 입력신호 따라 하기

가변저항기의 가변저항 값을 읽은 데이터(노랑색 점퍼선) 입력은 아날로그 입력이므로 A0에
연결한다. 스케치는 아래와 같이 입력한다.

```
void setup() {
  Serial.begin(9600);
}
void loop() {
  int a = analogRead(A0);
  Serial.println(a);
  delay(100);
}
```

- analogRead(pin)

  아날로그 핀으로부터 값을 읽는다. 아두이노 보드에는 아날로그 입력 핀이 6개(A0~A5)
  있다. 참고로 PWM으로 제어하는 아날로그 출력 핀은 6개 있다(핀번호 ~3, ~5, ~6,
  ~9, ~10, ~11).

- Serial.begin(speed)

  시리얼 데이터를 주고받을 수 있게 준비한다. 속도 speed는 300, 1200, 2400, 4800,
  9600, 14400, 19200, 28800, 38400, 57600 또는 115200 중 하나를 사용한다. 이 실습
  에서는 시리얼 포트의 속도를 초당 9600 비트(bps)를 사용한다.

- Serial.print(val)

  데이터를 시리얼 포토로 전송한다.

Serial.print(val)

Serial.print(val, format)

val: 출력 값, 일반 텍스트

format: 값의 종류를 표시한다. DEC(10진수), HEX(16진수), OCT(8진수), BIN(2진수)

2) 프로그램 업로드

위의 스케치를 입력한 후 아두이노에서 컴파일 버튼을 누르고 오류가 없으면 업로드 버튼을 누른다. 주의할 것은 업로드하기 전에 USB 케이블이 연결되어야 한다. 업로드가 실행되면 LED가 서너 번 깜박인다.

시리얼 모니터 창을 열면 0~1023 사이의 어떤 값이 화면에 출력될 것이다. 그러면 여러분이 가변저항기의 놉(손잡이)을 돌리면 가변저항 값이 변하게 되고, 변화된 가변저항 값에 따라 화면에 표시되는 값도 변하게 된다.

그림 7-6　확인 및 업로드

그림 7-7　시리얼 모니터

3) 아날로그 LED 출력 따라 하기

이제 아두이노의 아날로그 출력을 따라해 볼 차례이다. 앞에서 LED 온/오프 출력 실습을 해보았다. 아날로그 LED 출력은 물결 표시가 된 디지털 핀에 연결한 후 스케치 코드만 변경하면 만들 수 있다.

처음 입문하는 사람은 아두이노 예제 프로그램을 이용해보자. 아두이노 프로그램의 [파일

메뉴] 〉 [예제] 〉 [Basics] 〉 [Fade]를 클릭하면 된다. 그리고 스케치 코드 중 led = 9를 led = 11로 변경하면 실습 조건이 준비된다. 물론 다른 디지털핀 번호를 사용해도 좋다.

```
int led = 11;
int brightness = 0;
int fadeAmount = 5;
void setup(){
    pinMode(led, OUTPUT);
}
void loop(){
    analogWrite(led, brightness);
    brightness = brightness +fadeAmount;
    if (brightness == 0 ||brightness == 255){
        fadeAmount = -fadeAmount ;
    }
    delay(30);
}
```

사실 LED 불빛의 세기를 점차 밝게 하거나, 어둡게 할 수 있는 스케치 코드 작성법은 아주 많이 있다. 여러분들도 직접 다양한 스케치 코드 방법들을 생각해보자.

4) 아날로그 입력에 따라 변화하는 아날로그 LED 출력 만들어 보기

위 두 가지 아날로그 신호처리를 위한 스케치 코드를 단순히 합성하기만 하면 목적하는 실습을 달성할 수 있다. 먼저 setup( ), loop( ) 함수 밖에 있는 선언코드들을 먼저 나열하고, 다음으로 setup( ) 함수끼리 loop( ) 함수끼리 내용들을 합치면 된다. 물론 하드웨어 구성도 각각 시도했던 아날로그 입력과 아날로그 출력 연결을 함께 구성하기만 하면 된다.

그리고 가변저항기의 아날로그 입력신호와 LED의 아날로그 출력신호를 서로 연결할 목적으로 map( ) 함수를 사용할 것이다. map( ) 함수 사용법은 추가설명을 참고하자.

아직 설명하는 바가 이해되지 않으면 아날로그 입력과 출력이 합성된 아래 스케치를 참고
하기 바란다.

```
int led = 11;
int brightness = 0;
int fadeAmount = 5;
void setup(){
    pinMode(led, OUTPUT);
    Serial.begin(9600);
}
void loop(){
    int a = analogRead(A0);
    Serial.println(a);

    brightness = map(a,0,1023,0,255);
    analogWrite(led, brightness);
    brightness = brightness +fadeAmount;
    if (brightness == 0 ||brightness == 255){
        fadeAmount = -fadeAmount ;
    }
    delay(30);
}
```

- map(a, 0, 1023, 0, 255)

  0~1023 사이의 값을 표현하는 입력 데이터를 0~255 사이의 값으로 출력하는 PWM
  출력 데이터에 대응시키는 함수이다. 예제 스케치에서의 map( ) 함수는 가변저항 값의
  변화를 LED 빛의 밝기 변화로 표현하기 위한 함수로 사용된 것이다.

요약

- 아날로그 입력 데이터 수신하기
- 아날로그 출력 데이터를 LED 빛의 세기로 표현하기
- 아날로그 입력신호를 아날로그 출력신호와 연결하여 동작시키기

자가평가

항목	확인 내용	확인	
		O	X
1	가변저항기의 용도를 이해하는가?		
2	아두이노의 아날로그 입력은 6개이며 각각이 10비트인가?		
3	가변저항기의 3개 핀 용도를 이해하고 있는가?		
4	LED 부품의 양극과 음극을 구분할 수 있는가?		
5	map( )함수 사용법을 이해하고 있는가?		

연습문제

1. 저항 값을 조절할 수 있는 부품의 이름은?

2. LED 회로에 활용되는 저항 값은?

3. 가변저항기 아날로그 입력 값의 변화 범위는?

4. 저항의 값을 변경하여 전류의 흐름을 조절할 수 있는 소자의 이름은?
   ① 가변저항기   ② LED   ③ 피에조 스피커   ④ 커패시터

5. LED의 밝기를 부드럽게 조절할 수 있는 기능의 함수는?

① analogInput( )   ② analogOutput( )

③ digitalInput( )   ④ digitalOutput( )

6. 가변저항기는 아두이노에서 아날로그 출력으로 활용된다. [O/X]

7. 가변저항기로 스피커의 크기를 조절할 수 있다. [O/X]

8. map( ) 함수는 일정 범위의 입력 값을 특정 범위의 출력으로 변환한다. [O/X]

[정답]

1. 가변저항기   2. 220Ω   3. 0~1023   4. ①   5. ②   6. X   7. O   8. O

 미션과제

• 가변저항기의 손잡이 방향을 회전할 때 LED 불빛의 세기 변화를 반대로 표현되도록 하자.

[정답]

http://cafe.naver.com/arduinocafe 네이버 "내사랑 아두이노" 카페 참조

CHAPTER

08

온도센서로
온도 측정하기

수업목표

- 온도센서인 서미스터에 대해 알 수 있다.
- 아날로그 입력 수단으로 온도센서를 사용할 수 있다.
- 온도센서를 이용해 교실의 온도를 나타낼 수 있다.
- 출력신호로 시리얼 출력터미널을 사용할 수 있다.

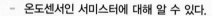

수업내용

- 서미스터라는 온도센서에 대해 알아본다.
- 서미스터를 활용하여 온도를 측정하는 회로를 만든다.
- 아날로그 읽기로 온도를 읽고 온도로 변환한다.
- 측정된 온도를 시리얼 모니터로 나타낸다.

사용부품

- 아두이노, 브레드보드, USB 케이블, 점퍼선
- 10KΩ 서미스터 온도저항   - 10KΩ 저항

 온도센서의 종류

1) 디지털 온도센서

트랜지스터와 비슷한 모양의 DS18B20으로 디지털 출력이 나오는 IC이다. 아두이노의 oneWire 라이브러리를 사용한다. DS18B20을 이용하여 방수가 가능하나 수온센서 모델도 있다.

2) 아날로그 온도센서

TMP36 센서로 모양은 DS18B20과 같으나 라이브러리를 따로 쓸 필요가 없고, 아날로그 핀을 통해 온도 변화에 따른 전압을 읽어 온도를 계산한다.

TMP36의 평평한 면이 위로 향하게 놓고 볼 때, 세 개의 다리 중 왼쪽 핀이 2.7~5.5V의 전원이고, 가운데 핀이 아날로그 신호를 보내는 핀이고, 오른쪽 핀이 그라운드 (GND)이다.

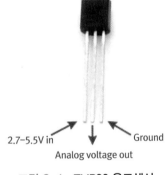

그림 8-1   TMP36 온도센서

아날로그 신호 핀을 보드의 아날로그 0에 연결한다.

3) 서미스터(thermistor)

서미스터(thermistor)는 외부 온도변화에 따라 전기저항이 민감하게 변화하는 반도체 소자로서, 흔히 사용하는 온도센서로 극성이 없어 사용하기 편리하다. 서미스터의 측정 범위는 -50~300℃ 정도이며, 온도계 외에, 유량계, 기압계, 전력계 등 다양한 분야에 이용되고 있다.

서미스터는 저항 값이 온도에 따라 비선형적으로 변화하기 때문에 직접 온도변화를 읽기에는 곤란하므로, 저항 값을

그림 8-2   서미스터 온도센서

온도로 바꿔주는 온도 변화함수를 사용한다. 아날로그 온도센서 TMP36과 비슷하게 아날로그 핀을 통해 온도를 검출한다.

4) 온습도 센서

DHT11 센서 하나로 온도와 습도를 모두 측정할 수 있다. DHT11은 디지털로 동작하며 DS18B20과 같이 oneWire라이브러리로 이용할 수 있다.

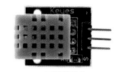

그림 8-3 DHT11 온습도 센서

② 실내 온도 측정

1) 온도센서 회로 만들기

온도센서 회로는 서미스터와 10KΩ의 저항을 직렬로 연결하고, 가운데 점퍼선을 아두이노 보드의 아날로그 입력 A0에 연결한다. 온도센서의 한쪽은 5V에 연결하고, 10KΩ의 저항 한쪽은 0V인 GND에 연결한다.

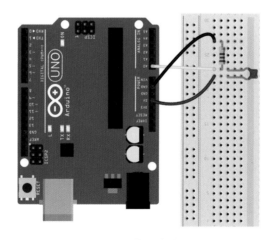

그림 8-4 서미스터와 저항을 활용한 온도 읽기 회로

2) 아날로그 입력 스케치의 작성

아두이노 보드의 A0 핀(아날로그 0번 핀)에 입력되는 아날로그 값을 읽고 시리얼 모니터로 출력하는 스케치를 작성한다. delay(500)은 0.5초마다 한 번씩 값을 읽는다.

```
void setup() {
  Serial.begin(9600);
}
void loop() {
  int s;
  s = analogRead(A0);
  Serial.println(s);
  delay(500);
}
```

Serial.begin(9600); 은 시리얼 포트를 활용하고 9600 bps로 데이터를 전송한다. int s;는 s 를 정수 변수로 사용한다.

s = analogRead(A0);는 A0 포트에서 읽은 아날로그 값을 s에 넣는다. 이때 값은 10비트 AD변환기(아날로그를 디지털로 변환)를 사용하므로 0~1023 사이의 값이 된다.

Serial.println(s);는 시리얼 포트로 s 값을 인쇄해 준다. delay(500)은 0.5초간 대기하므로 온도를 매 0.5초마다 한 번씩 읽도록 한다.

입력하지 않고 샘플에서 활용해도 된다. 메뉴에서 [파일] 〉 [예제] 〉 [01.Basics] 〉 [AnalogReadSerial]를 선택하면 AnalogReadSerial 스케치가 열린다.

3) 온도 변환 함수로 아날로그 값을 온도로 바꾸는 함수

저항과 서미스터로 구성된 회로의 A0핀에서 읽은 ADC 값은 0~1023 사이의 값인데, 이 값은 화씨온도를 디지털로 변환한 것이다. 화씨온도를 섭씨로 변환하는 함수를 이용하여 섭씨온도로 바꾸자. 이 함수는 센서를 만드는 회사에서 제공해주며 데이터 시트에 잘 나와 있다.

```
double Thermister(int RawADC)
{
  double t;
  t= log((((10240000/RawADC) - 10000)); //서미스터 값을 화씨 온도로 변환
  t= 1 / (0.001129148 + (0.000234125*t) + (0.0000000876741 * t* t*
t));
  t= t- 273.15; //화씨 온도를 섭씨로 변환
  return t;
}
```

4) 온도 읽기 스케치의 완성

다음은 서미스터 값을 읽어 0.5초마다 현재 온도를 모니터에 출력하도록 한다.

```
void setup(void) {
  Serial.begin(9600);
}
void loop(void) {
  double t;
  t = Thermister(analogRead(A0)); // A0핀 값을 Thermister 함수로 변환
  Serial.print(t);                // 섭씨 온도를 출력한다.
  Serial.println(" C ");          // 'C'라고 출력한다.
  delay(500);
}
double Thermister(int RawADC)
{
  double t;
  t= log((((10240000/RawADC) - 10000));
  t= 1 / (0.001129148 + (0.000234125*t) + (0.0000000876741 * t* t*
t));
  t= t- 273.15;
  return t;
}
```

그림 8-5 시리얼 모니터 창 열기

요약

- 온도 센서의 종류 설명
- 서미스터는 아날로그 온도센서로서 비교적 정확하다.
- 서미스터는 극성이 없어 이용이 편리하다.
- 서미스터를 활용한 온도 회로의 구성
- 온도계를 사용하지 않고도 서미스터를 이용하여 실내 온도를 측정하여 모니터로 나타 낼 수 있다.

자가평가

항목	확인 내용	확인	
		O	X
1	A0 핀으로 아날로그 입력을 받을 수 있는가?		
2	10비트 AD 변환기가 출력하는 범위는 0~1023인가?		
3	서미스터와 저항을 사용하여 회로를 구성할 수 있는가?		
4	온도 변환 함수를 활용할 수 있는가?		
5	온도를 시리얼 모니터에 나타낼 수 있는가?		

연습문제

1. 아두이노 보드에는 몇 개의 아날로그 입력 핀이 있는가?

2. 아두이노 보드의 AD변환기는 몇 비트인가?

3. 서미스터는 어떤 역할을 하는 센서인가?

4. 다음 중 아날로그 온도센서를 찾아보라.

　　① DS18B20　　② 서미스터　　③ DHT11

5. 서미스터에 사용하는 저항은?

　　① 220Ω　　② 1KΩ　　③ 470Ω　　④ 10KΩ

6. 서미스터로 온도를 읽으려면 A0핀과 GND에 서미스터를 연결한다. [O/X]

7. 아날로그 값을 읽는 명령은 analogRead(A0); 이다. [O/X]

8. 함수는 프로그램을 구조화하기에 매우 적합하다. [O/X]

[정답]

1. 6개　　2. 10비트　　3. 온도의 변화를 저항으로 나타낸다.　　4. ②　　5. ④
6. X　　7. O　　8. O

미션과제

- 온도센서의 평상 온도를 측정해보고, 손으로 센서를 잡았을 때 최대 온도를 관찰해보자. 이 두 값의 평균을 구하여 평균값 미만일 경우 LED가 켜지고, 평균값 이상일 때는 피에조 스피커가 울리도록 회로와 스케치를 작성하라.

[정답]

http://cafe.naver.com/arduinocafe 네이버 "내사랑 아두이노" 카페 참조

CHAPTER

09

빛 센서로
LED 제어하기

수업목표

- 빛의 밝기를 측정할 수 있다.
- 빛의 밝기를 컴퓨터 시리얼 모니터로 관찰할 수 있다.
- 어두운 경우와 밝은 경우 경계 값을 찾을 수 있다.

내용요약

- 빛 센서 포토레지스터에 대한 이해
- 빛 센서로 조도 측정 회로 만들기
- 측정된 조도를 시리얼 모니터로 확인하기

- 밝은 경우의 평균값과 어두운 경우의 평균값 측정하기
- 밝은 경우 LED를 끄고 어두운 경우 LED를 켜기

사용부품

- 포토레지스터(10KΩ)
- LED
- 아두이노, 브레드보드, USB 케이블, 점퍼선

- 10KΩ 저항
- 220Ω 저항

아두이노 보드에는 6개의 10비트 아날로그 입력 핀이 있다. 보드의 A0, A1, A2, A3, A4, A5로 표시된 부분이다. 동시에 6개의 아날로그 신호를 입력할 수 있다. 아날로그 입력은 0에서 5V 사이의 값을 읽어 숫자 0에서 1023까지로 바꿔 준다. 빛 감지기나 저항 온도계 회로를 만들고 아날로그 입력을 받을 수 있다.

1 포토레지스터 회로 만들기

1) 포토레지스터

그림 9-1 광센서 부품

포토레지스터는 빛의 밝기를 저항 값으로 변환해 주는 전자 부품이다. 밝으면 저항이 낮고 어두우면 저항이 높아진다. 포토레지스터는 극성이 없어서 +나 −를 아무 곳에 끼워도 된다.

LED 송신기보다 약간 짧은 투명한 색으로 된 포토트랜지스터도 포터레지스터와 동일한 기능을 한다.

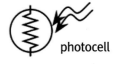

그림 9-2 광센서 기호

2) 빛의 밝기 측정 회로

빛의 밝기를 측정하려면 10KΩ 저항(갈색-검정-주황)이 필요하다.

그림 9-3 10KΩ 저항

10KΩ 저항의 한 끝에는 5V를 연결하고 직렬로 광센서를 연결한다. 광센서의 한쪽 끝은 GND, 0V에 연결한다. 10KΩ 저항과 광센서 사이에 점퍼선을 연결하고 이 선을 A0에 연결한다.

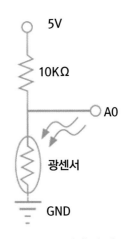

그림 9-4 빛 측정 회로

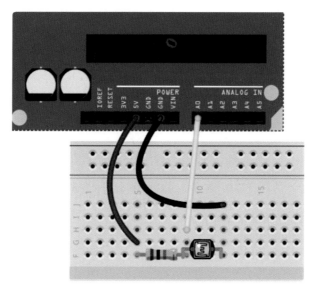

그림 9-5 빛 측정 회로 구성

A0 단자에서 측정되는 전압은 다음 식으로 표현될 수 있다.

$$A0 \text{ 단자 전압} = \frac{10k\Omega}{\text{광센서 저항} + 10k\Omega} \times 5V$$

[그림 9-4]의 회로도에서 광센서의 저항 크기가 외부 빛의 양에 따라 변화하게 되면, 윗 식의 저항 비율에 따른 분배전압이 A0전압으로 표현된다. 이때 10kΩ저항의 용도는 빛이 너무 밝아 광센서의 저항이 0이 되어도 과도한 전류가 흐르지 못한다. 그리고 외부 빛의 양에 따라 A0의 전압이 선형적으로 변화하는 특성을 나타내며, 0 ~ 5V까지 변화하는 아날로그 신호를 아두이노 A0단자 아날로그 입력신호로 사용할 수 있다. 아날로그 신호를 디지털 신호로 변환하는 함수 관계는 [그림 9-6]과 같고, 아날로그 신호를 디지털 신호로 변환하려면 analogRead( ) 함수를 사용한다. 따라서 analogRead( )함수의 반환 값을 외부 출력으로 연결하면 A0전압의 크기가 변화하는 비율과 동일하게 LED를 깜박이게 할 수 있다. 즉, A0핀에 2.5V의 전압이 인가된다면 analogRead( )함수를 통하여 512의 값을 반환하고 LED를 동작시킬 수 있다는 의미이다.

그림 9-6 아날로그 신호를 디지털 신호로 변환하는 블럭도

3) 밝기 측정 스케치의 작성

A0 핀을 통해 아날로그 신호를 읽어 시리얼 모니터로 출력하는 스케치이다.

```
voidsetup() {
  Serial.begin(9600);        // 시리얼 모니터 속도를 9600으로
}
voidloop() {
  int sa = analogRead(A0); // 아날로그 값 읽기
  Serial.println(sa);        // 시리얼 포트로 출력
  delay(200);                // 0.2초 동안 기다림
}
```

스케치를 컴파일하고 업로드한다.

4) 시리얼 모니터로 값 측정하기

툴바의 오른쪽에 있는 [시리얼 모니터]를 마우스로 열면, 1초에 5회씩 빛의 밝기를 읽어서 1024(0~1023)개의 값을 출력한다. [시리얼 모니터]는 USB 케이블로 아두이노와 컴퓨터가 대화를 하는 창이다. 아두이노로 값을 보낼 수도 있고, 아두이노에서 값을 받을 수도 있다.

그림 9-7 시리얼 모니터 열기

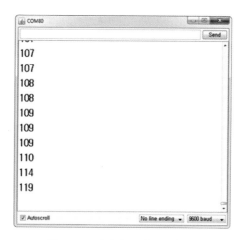

그림 9-8 시리얼 모니터의 측정 값

5) 어두운 경우와 밝은 경우의 값 측정하기

밝은 상태와 어두운 상태의 조도 값을 측정해 보자. 밝은 상태는 회로를 그대로 둔 상태에서 값을 읽고, 어두운 상태는 손을 오므려 컵처럼 만들고 빛 센서 부분을 가려서 어둡게 만들어 값을 조사해 보자. 환경에 따라 값이 다르게 측정 될 수 있는데, 형광등이 있는 사무실의 경우 밝은 상태는 값이 100 정도 되며, 손으로 가리면 값이 500 정도 된다. 햇빛이 들어오는 경우는 값이 더 낮아진다.

- 시리얼 모니터에 나오는 밝은 상태의 3~5개의 평균값은? (   )
- 손으로 가렸을 때인 어두운 경우 3~5개의 평균값은? (   )

예를 들어 밝은 상태 평균이 100이고 손을 가린 상태의 평균 500인 경우 이 두 값의 중간 값은 (100+500)/2=300이 된다. 300 미만의 경우 시리얼 포트로 값 '0'을 보내고 300 이상인 경우 '1'을 보내보자.

```
int sa = analogRead(A0);
if (sa < 300) Serial.println(0);
else          Serial.println(1);
```

int sa;는 정수를 저장하기 위한 선언이다. if( )는 상태를 점검하는 데 사용한다. 시리얼 포트를 통해서 읽은 아날로그 값이 300보다 작으면 '0'을 내보내고, 크면 '1'을 내보낸다. Serial.println( )은 시리얼 포트로 값을 보낸다.

```
void setup() {
  Serial.begin(9600);
}
void loop() {
  int sa = analogRead(A0);            // 아날로그 값을 읽음
  if (sa < 300) Serial.println(0);    // 시리얼 포트로 '0'을 보냄
  else          Serial.println(1);    // 시리얼 포트로 '1'을 보냄
  delay(200);                         // 0.2초간 기다림
}
```

② 빛 센서의 밝기에 따라 LED 제어하기

1) 단계별 알고리즘

> 단계1: 빛 센서 회로를 만들고, 아날로그 신호를 읽어 시리얼로 출력한다.
> 단계2: 밝은 상태의 값을 조사한다.
> 단계3: 어두운 상태의 값을 조사한다.
> 단계4: 두 상태를 구분할 수 있는 값을 선정하고 if 문으로 판단한다.

빛 센서 값을 아날로그 입력으로 읽는 회로를 만들고, 빛의 밝기에 따라 LED가 제어되도록 하자. 앞 절에서 학습한 내용을 이용한다. 빛 센서를 손을 오므려 가려서 어둡게 하면 LED가 켜지고, 손을 치우면 꺼지도록 스케치를 작성해 보자.

2) 빛 측정 및 LED 회로 만들기

LED는 저항과 직렬로 하여 13번 핀에 연결한다. 빛 센서 회로를 만들고 A0에 연결한다.

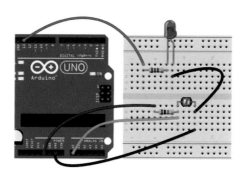

그림 9-9 빛 측정과 LED 회로

3) 스케치 작성하기

어두운 경우와 밝은 경우의 경계 값이 300인 경우 손 컵으로 가리면 LED가 켜지고, 치우면 꺼지는 스케치는 다음과 같다.

회로의 경계 값을 앞 절에서의 실습과 같이 측정한 결과값 300으로 넣어서 잘 작동할 수 있게 한다.

```
int pin = 13;
void setup() {
  Serial.begin(9600);
  pinMode(pin, OUTPUT);
}
void loop() {
  int sa = analogRead(A0);              // 빛 센서에서 값 읽기
  if (sa > 300) digitalWrite(pin, HIGH); // 어두우면 LED를 켬
  else          digitalWrite(pin, LOW);  // 밝으면 LED를 끔
  delay(200);                           // 0.2초간 기다림
}
```

손 컵으로 포토레지스터를 가리면 LED가 켜진다. 손을 치우면 LED가 꺼진다.

반응을 더 빠르게 하려면 0.2초마다 측정하는 delay(200);의 숫자를 낮추면 된다.

요약

- 포토레지스터는 빛의 밝기를 측정하는 아날로그 부품이다.
- 포토레지스터와 저항으로 빛 밝기를 측정하는 회로를 구성하였다.
- 빛의 밝기에 따라 LED를 제어한다.

자가평가

항목	확인 내용	확인 O	X
1	포토레지스터를 부품에서 찾을 수 있는가?		
2	10KΩ 저항의 색띠는 갈색–검정–주황이 맞는가?		
3	빛 센서 측정을 위한 저항을 포함한 회로를 만들 수 있는가?		
4	analogRead( ) 함수로 아날로그 입출력이 가능한가?		
5	아두이노 스케치의 구조는 setup( )과 loop( )로 구성되는가?		
6	if( ) 함수가 언제 작동하는지 이해하는가?		
7	시리얼 모니터를 열고 아두이노에서 보내는 값을 읽을 수 있는가?		

연습문제

1. 아두이노 보드의 아날로그와 디지털 입력의 차이는?

2. 아두이노 보드의 10비트 AD변환기는 어떤 범위의 값을 측정할 수 있을까?

3. 포토레지스터는 어떤 역할을 하는 감지기인가?

4. 다음 설명 중 맞는 것은?

① DS18B20이나 서미스터는 밝기를 측정하는 전자 부품이다.

② 포토레지스터와 포토트랜지스터의 기능은 서로 다르다.

③ 포토레지스터는 빛이 밝으면 저항이 낮아진다.

④ 포토레지스터는 빛이 어두우면 저항이 낮아진다.

5. 포토레지스터를 활용한 조도 측정에 사용하는 저항은?

① 220Ω   ② 1KΩ   ③ 470Ω   ④ 10KΩ

6. 포토레지스터로 조도를 측정하려면 저항과 포터레지스터를 병렬로 연결한다. [O/X]

7. 아날로그 값을 읽는 명령은 analogRead(A0); 이다. [O/X]

8. if 문은 조건을 처리해주는 명령이다. [O/X]

[정답]

1. 디지털은 0과 1의 값, 아날로그는 0~1024의 값   2. 0~1023

3. 빛의 밝기를 저항으로 나타낸다.   4. ③   5. ④   6. X   7. O   8. O

 미션과제

• 빛의 밝기 상태를 3단계로 나누어 어두운 경우 LED가 켜지고, 중간인 경우 피에조 스
피커가 울리며, 밝은 경우 시리얼 모니터로 "밝아서 좋아요"를 출력하도록 하자.

[정답]

http://cafe.naver.com/arduinocafe 네이버 "내사랑 아두이노" 카페 참조

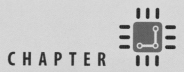

CHAPTER

10

멀티태스킹
(LED 깜박이면서 소리내기)

수업목표

- 컴퓨터의 멀티태스킹에 대해 친구들에게 설명할 수 있다.
- LED를 깜박이면서 동시에 소리를 내는 스케치를 작성할 수 있다.

수업내용

- LED 깜박이기
- 아두이노로 LED 깜박이면서 소리내기 동시에 하기
- 함수 만들기

- 소리내기
- MsTimer2 사용하기

사용부품

- 아두이노, 브레드보드, USB 케이블, 점퍼선
- LED
- 피에조 스피커

멀티태스크(Multi-Task)란 사람이나 컴퓨터, 기계 등이 한꺼번에 여러 가지 일을 처리하는 것을 말한다. 예를 들어, 컴퓨터의 음악재생 프로그램으로 신나는 노래를 틀어놓고 워드 작업을 한다거나, 스마트폰으로 통화하면서 지도를 검색한다거나, 자동차가 후진하면서 음악 소리를 내는 것 등을 모두 멀티태스킹이라고 할 수 있다. 아두이노에서도 LED가 깜박이면서 소리를 내거나 하는 두 가지 동작을 동시에 수행할 수 있다.

1 LED 0.5초마다 깜박이는 함수 만들기

앞의 예제에서 LED를 깜박이는 실습을 하였다. 이번 예제에서는 LED가 0.5초마다 깜박이는 함수를 만들어 사용해보자.

함수는 여러 명령을 묶어 놓은 묶음과 비슷하다. 함수를 사용하면 스케치를 간단하게 만들 수 있다.

우리는 setup( ) 함수와 loop( ) 함수를 사용하였다. 이 함수 외에도 digitalWrite( ) 함수 등도 사용해 보았다. 함수는 미리 만들어 놓고 사용자들이 자유롭게 사용할 수 있도록 한 것이 있고 사용자가 직접 만들어서 사용하는 것이 있다. 이번 실습에서는 우리가 직접 만들어서 사용한다.

- light( );
  동작 명령: 0.5초마다 깜박인다.

1) 회로 만들기

LED 한 개를 다리가 긴 쪽(+)은 13번 핀에 연결하고 다리가 짧은 쪽(−)은 GND에 연결하여 다음 스케치를 입력하고 실행시켜보자.

2) 프로그램 작성하기

```
void setup() {
  pinMode(13, OUTPUT);   // pinMode 설정
}

void light() {              // 함수
  digitalWrite(13, HIGH);
  delay(1000);
  digitalWrite(13, LOW);
  delay(1000);
}

void loop() {
    light();                // 함수 실행
}
```

- 아두이노에 프로그램을 다운로드한다.
- 아두이노에 LED가 1초에 한 번씩 깜박이면 성공한 것이다.
- light( )는 함수 이름이다.
- void는 함수나 데이터의 형이 정해지지 않거나 형이 필요 없는 경우에 사용한다.

```
void loop() {
  light();
}
```

loop( ) 함수 내에서 light( ) 함수를 실행 시키라는 명령이다. 만약에 한 번만 실행시키려면 setup( ) 함수 내에 light( )를 적어주면 된다.

light( ) 함수가 완성되었으면 음악을 연주하는 함수를 만들어보자.

2 음악을 연주하는 sound( ) 함수 만들기

• sound( );

    동작 명령: 정해진 음악을 연주한다.

음악을 연주하는 실습은 [실습 5-2]와 [미션과제]에서 완성하였다. [미션과제]에서 만들어 둔 '곰 세 마리' 음악을 사용하자.

[미션과제 음악]은 http://cafe.naver.com/arduinocafe/1918에서 다운로드 받아도 된다.

```
#include "pitches.h" // 헤더파일
int ms1[] = {NOTE_C4, NOTE_C4, NOTE_C4, NOTE_C4, NOTE_C4,
NOTE_E4, NOTE_G4, NOTE_G4, NOTE_E4, NOTE_C4,
NOTE_G4, NOTE_G4, NOTE_E4, NOTE_G4, NOTE_G4, NOTE_E4,
NOTE_C4, NOTE_C4, NOTE_C4};

int ms2[] = {4, 8, 8, 4, 4, 4, 8, 8, 4, 4, 8, 8, 4, 8, 8, 4, 4, 4, 2};
          // 4는 4분음표 길이(한 박자), 8은 8분음표 길이(반 박자)

void setup() {
  for (int i = 0; i < 19; i++) {
    int ms = 1000 / ms2[i];
    tone(8, ms1[i], ms);
    int j = ms * 1.30;
    delay(j);
        // 음이 서로 겹치지 않게 하기 위해 delay()를 줌
    noTone(8);
  }
}

void loop() {
}
```

MsTimer2 사용하기

MsTimer2는 라이브러리이고 다운로드 받아서 스케치에 불러오면 두 가지 일을 동시에 진행할 수 있도록 만들 수 있다.

- **MsTimer2.zip 다운로드 받기**

  http://cafe.naver.com/arduinocafe/1921에서 다운로드 받거나

  http://playground.arduino.cc/Main/MsTimer2에서 다운로드 받는다.

  msTimr2를 다운로드 받아서 압축을 풀지 않는다.

1. 아두이노의 다운로드 폴더에 저장한다.   ...arduino/libraries/
2. 아두이노 메뉴에서 [스케치]-[라이브러리 가져오기]-[Add Library...]를 누른다.

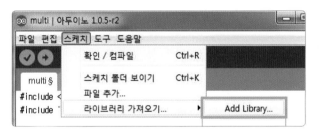

그림 10-1   **라이브러리 추가하기**

3. 저장해 놓은 파일(MsTimer2.zip)을 선택한다.
4. 다시 메뉴에서 [스케치]-[라이브러리 가져오기]를 누르면 맨 아래 [MsTimer2]가 나타난 것을 확인할 수 있다.

5. [MsTimer2]를 클릭하면 스케치 맨 위에 포함된다.

그림 10-2

그림 10-3   〈MsTimer2.h〉 파일 포함

6. zip 파일이 있는 폴더에 자동으로 압축이 풀리면서 모든 것이 작동된다.

그림 10-4   폴더 내용 보기

MsTimer2에 사용되는 명령어

- MsTimer2::set(시간, 함수)

  동시에 두 개의 작업을 하는 원리는 한 가지 작업이 이루어지고 있을 때 다른 작업을 정해진 시간에 인터럽트(방해)하면서 작업하도록 한다는 의미이다. 그러므로 인터럽트 하는 시간과 작업시킬 함수가 필요하다.

- MsTimer2::start( )

  인터럽트를 시작하는 명령이다.

- MsTimer2::stop( )

  인터럽트를 종료하는 명령이다. 이번 스케치에서는 사용하지 않는다.

음악과 LED 멀티태스킹 하기

두 개의 동작을 한꺼번에 적용시키기 위해 MsTimer2를 사용하여 스케치를 만들어 보자.

1) 두 개의 동작을 동시에 시키기 위해서 light() 함수를 간단하게 변경하자.

변경 전	변경 후

<pre>void light() {   // 함수
  digitalWrite(13, HIGH);
  delay(1000);
  digitalWrite(13, LOW);
  delay(1000);
}</pre>
	<pre>void light() {
	  static boolean output = HIGH;
	  digitalWrite(13, output);
	  output = !output;
	}</pre>

새롭게 사용된 명령어

- boolean

  데이터 변수 종류의 하나로 참과 거짓을 표현하는 형식이다. HIGH, LOW 또는 true, false 또는 1, 0으로 나타낸다.

- static

  static이 붙은 변수는 이 파일 내에서만 사용할 수 있다는 의미이다.

- static boolean output

  이 파일 내에서만 사용되는 boolean형이고 이름은 output이다. pinMode( )에 넣는 대문자 OUTPUT과는 다르다는 것에 주의하자.

- output = !output;

  프로그램에서 !는 반대의 의미가 있다. 현재 output이 HIGH이면 LOW로 저장하고, LOW이면 HIGH로 저장하라는 의미이다. TV 전원 스위치처럼 한 번 누르면 켜지고 다

시 한 번 누르면 꺼지는 토글스위치 같은 역할을 한다.

2) 음악이 연주되면서 LED가 켜지도록 만들자.

```
void setup() {
  pinMode(13, OUTPUT);
  MsTimer2::set(100, light); // 100ms 간격
  MsTimer2::start();         // 시작
}
void loop() {
  sound();
}
```

setup( ) 함수 내에 MsTimer2를 한 번만 실행되도록 입력한다.

* MsTimer2::set(100, light);

  다른 함수가 실행되는 동안 100ms마다 light( ) 함수가 프로그램을 실행시킨다는 의미
  이다.

* MsTimer2::start( );

  MsTimer2를 시작한다는 의미이다. loop( ) 함수 내에 sound( ) 함수를 실행시켜 계속
  음악이 나오도록 한다.

```
#include "pitches.h" // 헤더파일
#include <MsTimer2.h>
int ms1[] = {
  NOTE_C4, NOTE_C4, NOTE_C4, NOTE_C4, NOTE_C4,
  NOTE_E4, NOTE_G4, NOTE_G4, NOTE_E4, NOTE_C4,
  NOTE_G4, NOTE_G4, NOTE_E4, NOTE_G4, NOTE_G4, NOTE_E4,
  NOTE_C4, NOTE_C4, NOTE_C4};

int ms2[] = {4, 8, 8, 4, 4, 4, 8, 8, 4, 4, 8, 8, 4, 8, 8, 4, 4, 4, 2};
          // 4는 4분음표 길이(한 박자), 8은 8분음표 길이(반 박자)

void sound(){
  for (int i = 0; i < 19; i++) {
    int ms = 1000/ms2[i];
    tone(8, ms1[i],ms);
    int j = ms * 1.30;
    delay(j);
  }
}

void light() {
  static boolean output = HIGH;
  digitalWrite(13, output);
  output = !output;
}

void setup() {
  pinMode(13, OUTPUT);
  MsTimer2::set(100, light); // 0.1초 간격으로 실행
  MsTimer2::start();
}

void loop() {
  sound();
}
```

요약

- MsTimer2 라이브러리를 이용하여 아두이노에서 두 가지 명령을 동시에 실행시킨다.
- MsTimer2 라이브러리를 다운로드 받고 불러 올 수 있다.
- light( ) 함수를 변경하여 적용할 수 있다.
- 음악이 진행되면서 LED를 깜박이게 할 수 있다.

자가평가

항목	확인 내용	확인	
		O	X
1	light( ) 함수를 만들어 LED를 깜박일 수 있다.		
2	pitches.h를 이용하여 음악을 만들 수 있다.		
3	MsTimer2 라이브러리를 다운로드 받을 수 있다.		
4	MsTimer2 라이브러리를 불러 올 수 있다.		
5	MsTimer2를 이용하여 음악이 연주되면서 LED가 깜박이게 할 수 있다.		

연습문제

1. 〈MsTimer2.h〉를 사용하려고 하면 스케치에서 〈MsTimer2.h〉 앞에 무엇을 입력해야 하는가?

2. MsTimer2.h를 라이브러리로 스케치에서 사용하기 위해 사용하는 메뉴는?

3. 참과 거짓을 표현하는 데이터 형식은 무엇인가?

4. MsTimer2::set(100, light); 의미가 바른 것은?

    ① 100ms마다 light( ) 함수 실행   ② 100ms 동안 light( ) 함수 실행

    ③ 100ms마다 light( ) 함수 정지   ④ 100ms 동안 light( ) 함수 정지

5. 다음 스케치에서 output 값이 HIGH이면 최종 output 값은 무엇이 될까?

```
digitalWrite(13, output);
output = !output;
```

    ① 1   ② HIGH   ③ true   ④ LOW

6. static 함수는 다른 파일에서 호출할 수 있다. [O/X]

7. ! 의 의미는 "아니면"이라는 뜻이다. [O/X]

8. MsTimer2 파일은 다운로드 받은 후 압축을 풀지 않아도 된다. [O/X]

[정답]

1. #include   2. 스케치-라이브러리 가져오기   3. boolean   4. ①   5. ④   6. X

7. O   8. O

미션과제

- MsTimer2를 이용하여 음악이 나오면서 LED 2개가 번갈아가면서 깜박이도록 만들어 보자.

[힌트]

- MsTimer2.h를 이용한다.
- 회로를 만들 때 LED의 위치를 피에조 스피커와 겹치지 않도록 배치한다.
- GND로 연결하는 선들은 브레드보드에서 서로 연결하여 사용할 수 있다.
- LED 핀 번호를 2번과 4번으로 변경한다.

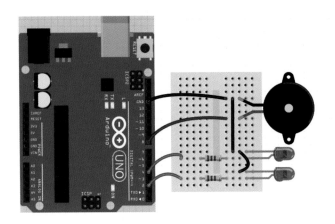

그림 10-5 미션 LED2개와 피에조 스피커 회로

[정답]

http://cafe.naver.com/arduinocafe 네이버 "내사랑 아두이노" 카페 참조

릴레이 전등 제어

수업목표

- 광센서를 아두이노에 입력하여 응용할 수 있다.
- 릴레이 부품에 대하여 설명할 수 있다.
- 아두이노 디지털 출력신호를 사용하여 릴레이를 제어할 수 있다.
- 릴레이로 220VAC 전등을 켜고 끌 수 있다.

수업내용

- 광센서로 디지털 입력 회로 구성하기
- 릴레이를 디지털 출력 핀에 연결하기
- 빛의 밝기에 따라 전등을 켜고 끄는 스케치 작성하기

사용부품

- 아두이노, 브레드보드, USB 케이블, 점퍼선
- 저항 10KΩ (갈색-검정-주황색)   - 광센서 1개

릴레이 전등 제어는 아두이노 마이크로컴퓨터의 5V의 낮은 신호를 사용하여 220VAC 전원을 사용하는 전등을 켜고 끄는 실습이다. 아두이노에서 사용하는 전류와 전압의 크기는 가정용 전등에서 사용하는 전류와 전압의 크기에 비추어 상당히 다르다. 실습에 사용된 릴레이는 4~32VDC 입력전압을 90~240VAC 전압으로 변환하여 신호를 전달하는 작용을 한다.

실습에서 광센서를 사용하여 디지털 입력신호를 만들고, 릴레이를 사용하여 디지털 ON/OFF 입력신호에 따라 220V 교류전원을 ON/OFF 하는 응용회로를 만들어보자.

 ## 회로 만들기

1) 광센서 디지털 입력 회로

광센서와 10KΩ저항을 직렬로 연결하고, 5V전원(빨강)과 접지(검정)를 [그림 11-1]과 같이 연결한다. 그리고 광센서에서 감지하는 빛의 세기에 따라 디지털 신호를 표현하기 위하여 디지털 핀 8번(노랑)에 연결한다.

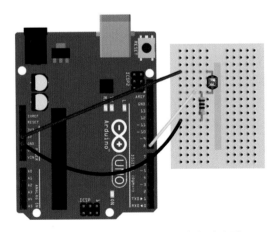

그림 11-1 광센서와 저항의 디지털 입력 회로

2) 릴레이 부품의 내부 회로

아래 릴레이는 직류전원을 연결하는 핀(3,4번)과 교류전원을 연결하는 핀(1,2번)이 서로 전기적으로 분리되어 있는 구조이다. 그렇지만, 직류전원의 디지털 신호에 따라 비접촉 방식으로 교류전원의 디지털 신호가 변환되어 전달된다.

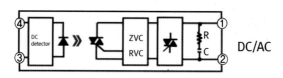

그림 11-2   릴레이 내부 구조

위 릴레이 부품을 연결하는 응용회로를 소개한다. 실습에서는 직류 4~32V 전원을 연결하기 위하여 아두이노 디지털을 연결한다. 이것은 아두이노 디지털 출력전압 5V를 연결하는 것과 같다. 이때 양극과 음극을 고려하여 연결한다.

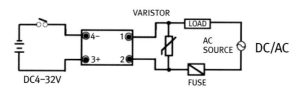

그림 11-3   릴레이 회로 연결방법

3) 광센서 회로와 릴레이 회로 함께 구성하기

릴레이 3번에 디지털 핀 7번을 연결하고 릴레이 4번에 아두이노 접지를 연결한다. 나머지 광센서 회로는 이전의 구성방법과 동일하다.

그리고 릴레이의 교류전원부는 양극과 음극 부분 없이 전등을 연결하는 두 선을 각각 연결하면 된다.

그림 11-4 광센서와 릴레이 회로

그림 11-5 확대한 사진

2 스케치 작성하고 실행하기

1) 광센서로 디지털 입력신호 만들기

광센서는 빛의 세기에 따라 다양한 값을 표현할 수 있다. 아두이노 아날로그 핀을 사용하면 0~1023 사이의 값을 표현할 수 있지만, 이번 실습에서는 전등을 켜고 끄는 디지털 신호가 필요하므로 디지털 신호를 만들어 보자.

아두이노 디지털 입력신호는 다음과 같은 스케치로 간단히 표현할 수 있다.

```
void setup() {
  pinMode(8, INPUT);
  Serial.begin(9600);
}
void loop() {
  int val = digitalRead(8);
  Serial.println(val);
  delay(100);
}
```

위 스케치를 아두이노로 업로드하고 시리얼 모니터를 열면 다음과 같은 출력화면을 살펴볼 수 있다. 출력값이 0이면 어둡다는 의미이고, 1이면 밝다는 의미이다.

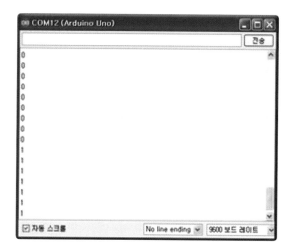

그림 11-6   **시리얼 모니터**

- digitalRead(pin)

  디지털 핀으로부터 값을 읽는다. 아두이노 보드에는 디지털 입력 핀이 14개(0~13) 있다. 그렇지만 보통 시리얼통신(Tx/Rx)을 위한 0번과 1번은 사용하지 않는다.

- Serial.begin(speed)

  시리얼 데이터를 주고받을 수 있게 준비한다. 속도 speed는 300, 1200, 2400, 4800, 9600, 14400, 19200, 28800, 38400, 57600 또는 115200 중 하나를 사용한다. 이 실습에서는 시리얼 포트의 속도를 초당 9600 비트(bps)를 사용한다.

- Serial.print(val)

  데이터를 시리얼 포토로 전송한다.

Serial.print(val)

Serial.print(val, format)

val : 출력값, 일반 텍스트

format : 값의 종류를 표시한다. DEC(10진수), HEX(16진수), OCT(8진수), BIN(2진수)

2) 광센서로 주변 빛의 밝기에 반응하는 전등 만들기

광센서로 주변 빛의 밝기에 따라 디지털 입력값이 0 또는 1을 표현하는 전자회로와 스케치를 살펴보았다. 이제 광센서 입력신호에 따라 디지털 출력신호를 별도의 디지털 핀을 사용하여 만들어 볼 것이다. 물론 디지털 입력과 출력 핀을 동일하게 사용하여 동작시킬 수도 있다.

```
void setup() {
  pinMode(8, INPUT);
  pinMode(7, OUTPUT);
  Serial.begin(9600);
}
void loop() {
  int val = digitalRead(8);
  Serial.println(val);
  if (val == 1){
      digitalWrite(7, HIGH);
      delay(100);
  }
  else{
      digitalWrite(7, LOW);
      delay(100);
  }
  delay(5);
}
```

요약

- 광센서로 디지털 입력신호 만들기
- 릴레이 연결하는 방법 살펴보기
- 광센서 입력신호에 따라 동작하는 전등 제어기 만들기

자가평가

항목	확인 내용	확인	
		O	X
1	광센서로 빛의 밝기를 측정하는 입력 회로를 구성할 수 있는가?		
2	광센서와 가변저항의 차이점을 설명할 수 있는가?		
3	릴레이 부품의 용도를 설명할 수 있는가?		
4	아두이노와 릴레이로 220V를 제어하는 동작 원리를 설명할 수 있는가?		

연습문제

1. 빛이 밝아지면 광센서의 값은 어떻게 될까?

2. 빛의 밝기를 읽기 위해 광센서와 저항을 병렬로 연결할까? 직렬로 연결할까?

3. 5V로 220V를 제어하는 부품은?

4. 작은 전압으로 큰 전압을 제어하는 전자 부품의 이름은?

　　① 저항　　② 가변저항기　　③ LED　　④ 릴레이

5. 빛의 밝기를 측정하여 220V 전등을 제어하려면 어떤 전자 부품이 필요한가?

    ① 릴레이, 포토레지스터, 저항   ② 릴레이, 서미스터, 저항

    ③ 서미스터, 포토레지스터, 저항   ④ LED, 포토레지스터, 저항

6. 릴레이는 극성이 없다. [O/X]

7. 포토레지스터나 포토다이오드는 어두우면 저항이 커진다. [O/X]

8. 아두이노의 핀에 220V를 바로 연결할 수 있다. [O/X]

[정답]

1. 작아진다   **2.** 직렬   **3.** 릴레이   **4.** ②   **5.** ①   **6.** X   **7.** O   **8.** X

미션과제

- 광센서의 빛의 세기에 따라 전등을 켜거나 끄는 동작을 반대로 표현해보자.

[정답]

http://cafe.naver.com/arduinocafe 네이버 "내사랑 아두이노" 카페 참조

피에조 스피커로
똑똑똑 노크하기

- 출력 장치인 피에조 스피커를 입력 장치로 바꾸어 활용할 수 있다.
- 피에조 스피커와 1MΩ 저항으로 노크 회로를 만들 수 있다.
- 실험을 통해서 노크할 때의 값을 시리얼 모니터로 관찰할 수 있다.
- 노크를 확인하기에 적합한 주기를 관찰할 수 있다.

- 피에조 스피커와 1MΩ 저항으로 회로 구성하기
- 노크할 때 값을 시리얼로 관찰하기
- 노크를 인식하여 13번 LED에 불을 켜기
- 노크할 때 인식 주기를 변경하기
- 노크할 때 부정확한 신호 처리하기

- 아두이노, 브레드보드, USB 케이블, 점퍼선
- 저항 1MΩ (갈색-검정-녹색)
- 피에조 스피커

 1 피에조 스피커의 원리와 실험 목표

피에조 스피커는 주파수와 시간을 받아서 소리를 내는 출력 장치이다. 신기한 사실은 피에조 스피커를 펜이나 손톱으로 세게 탁 치면 전류가 발생한다. 이 원리를 활용하여 노크를 인식해 보자. 먼저, 회로를 구성하고 시리얼 모니터로 피에조 스피커를 탁 치면 어떤 값이 입력되는지 살펴보자. 검사하는 시간을 변경하면서 값을 관찰해보자. delay( ) 함수에서 100ms에서 2ms로 변경하면 50배나 더 자주 검사를 한다. 검사하는 시간 간격을 주기라고 하고, 샘플링(sampling) 주기라고 한다. 피에조 스피커를 탁탁 치면서 관찰된 값을 활용하여 LED가 깜박이도록 제어문을 작성해 보자. 그리고 두드릴 때마다 LED가 번갈아 가면서 켜지고 꺼지는 것을 반복해 보도록 하자. 마지막으로 피에조 스피커에 노크를 하면 LED가 번갈아 켜짐과 꺼짐이 반복되면서 동시에 시리얼 통신 창에 "Knock"가 나타나도록 하자.

2 회로 만들기

그림 12-1   1MΩ 저항

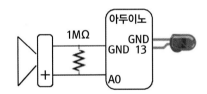

그림 12-2   피에조 스피커 노크 회로

저항, 피에조 스피커 및 점퍼선을 이용하여 브레드보드에 회로를 구성하자.

그림 12-3   저항과 피에조
스피커의 노크 회로

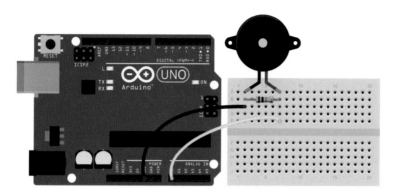

그림 12-4 아두이노 보드와 피에조 스피커 노크 회로 (1MΩ 저항)

③ 스케치 작성하기와 실행하기

1) 0.1초마다 노크한 값을 화면에 출력하기

피에조 스피커의 입력 부분은 아날로그 입력이므로 A0에 연결한다. 회로를 확인한 다음 스케치를 입력한다.

```
void setup() {
  Serial.begin(9600);
}
void loop() {
  int a = analogRead(A0);
  Serial.println(a);
  delay(100);
}
```

- analogRead(pin)

  아날로그 핀으로부터 값을 읽는다. 아두이노 보드에는 아날로그 입력 핀이 6개(A0~A5) 있다. 참고로 PWM으로 제어하는 아날로그 출력 핀은 6개 있다(핀번호 ~3, ~5, ~6, ~9, ~10, ~11).

- Serial.begin(speed)

  시리얼 데이터를 주고받을 수 있게 준비한다. 속도 speed는 300, 1200, 2400, 4800, 9600, 14400, 19200, 28800, 38400, 57600 또는 115200 중 하나를 사용한다. 이 실습에서는 시리얼 포트의 속도를 초당 9600 비트(bps)를 사용한다.

- Serial.print(val)

  데이터를 시리얼 포트로 전송한다.

Serial.print(val)

Serial.print(val, format)

val : 출력값, 일반 텍스트

format : 값의 종류를 표시한다. DEC(10진수), HEX(16진수), OCT(8진수), BIN(2진수)

2) 프로그램 업로드하기

위의 스케치를 입력한 후 아두이노에서 파일 아래에 보이는 체크 표시된 [컴파일] 버튼을 누르고 오류가 없으면 편집 아래에 있는 화살표 [업로드] 버튼을 누른다.

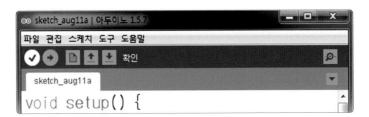

그림 12-5   스케치 [확인]

주의할 것은 업로드하기 전에 USB 케이블이 연결되어야 한다는 점이다.

그림 12-6 스케치 [업로드]

업로드가 실행되면 LED가 서너 번 깜박인다. 피에조 스피커를 "탁" 두드리면 LED가 켜지고 오른쪽 위에 있는 [시리얼 모니터]를 마우스로 클릭하면 시리얼 통신 모니터가 열리고 다음과 같은 메시지가 나타난다.

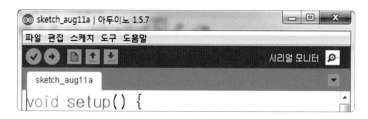

그림 12-7 시리얼 모니터 열기

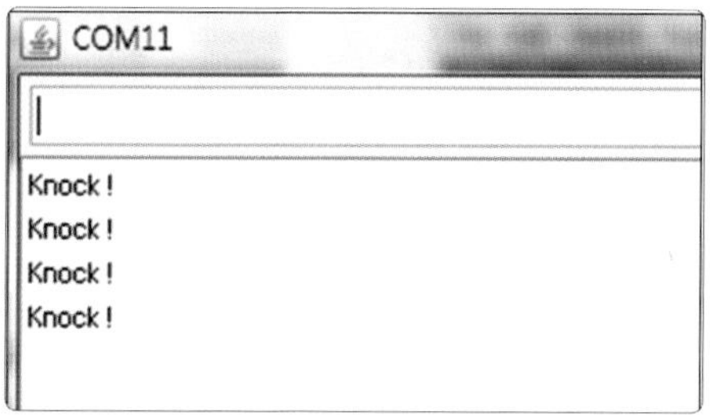

```
COM11

Knock !
Knock !
Knock !
Knock !
```

그림 12-8 시리얼 모니터의 결과

3) 노크할 경우만 시리얼 모니터에 출력하기

오른쪽 위의 [시리얼 모니터]를 열고 값을 살펴보자. 보통 값은 0으로 출력되는데 손톱으로 세게 튕기면 어떤 값이 나온다. 시리얼 모니터에서 값이 너무 빨리 지나가므로 노크를 할 때만 값이 출력되도록 if 문을 활용하자. if(a)0){ }은 값이 0보다 큰 경우만 출력을 한다.

```
void setup() {
  Serial.begin(9600);
}
void loop() {
  int a = analogRead(A0);
  if(a>0) Serial.println(a);
  delay(100);
}
```

```
4
55
63
48
189
```

여기서 delay(100)은 약 0.1초 간격으로 값을 읽으므로, 노크하는 시간이 이보다 짧으면 노크를 했는데도 값이 출력되지 않는 경우가 있다. 확인하는 시간을 아주 짧게 하기 위해 delay를 2로 바꾸어 실습을 해보자.

```
void setup() {
  Serial.begin(9600);
}
void loop() {
  int a = analogRead(A0);
  if(a>0) Serial.println(a);
  delay(2);
}
```

한 번 노크를 하면 약 5~20개의 정수 값이 시리얼 모니터로 주르륵 출력된다. delay(2);는 0.02초마다 값을 읽으므로, 1초마다 500번이나 A0에서 값을 확인하므로 여러 값이 나온다. 그리고 평균적으로 약 0.05초 (50usec) 정도 간격으로 계속 값이 입력되는 것을 살펴 볼 수 있다.

4) 노크할 때마다 LED가 켜지고 꺼지기를 반복하기

이번에는 한 번 노크를 하면 켜지고 다시 노크를 하면 꺼지도록 하자.

```
void setup() {
  Serial.begin(9600);
  pinMode(13, OUTPUT);
}
bool led = false;
void loop() {
  int a = analogRead(A0);
  if (a > 0) {
    digitalWrite(13, led);
    led = !led;
    delay(50);
    Serial.println("Knock");
  }
  delay(2);
}
```

bool led=false;에서 bool 데이터 형은 값이 0이나 1을 가질 수 있는 데이터 형이다. 0은 false로 1은 true로 표현한다. 13번에 LED를 연결하기 위해서는 pinMode(13, OUTPUT)을 setup( ){ } 함수에 적어야 한다.

LED가 켜져 있으면 끄고 꺼져 있으면 켜려면 다음처럼 스케치를 입력한다.

led = !led; 아두이노 언어에서 !은 1은 0으로 0은 1로 바꾼다. 달리 설명하면 참은 거짓으로 거짓은 참으로 변경을 한다. 이 두 문장은 if~else 문장을 이용하여

　　if(led==true) led = false;

　　else　　　led = true;

로 바꾸어도 잘 작동을 한다. 한 번 노크하면 여러 번 인식되지 않도록 delay(50);을 넣는다.

요약

- 피에조 스피커와 1MΩ 저항으로 노크를 인식하는 회로 만들기
- 시리얼 포트를 통해서 노크를 하면 어떤 값이 입력되는지 관찰하기
- 노크를 인식해서 LED 켜졌다 꺼졌다 반복하기

자가평가

항목	확인 내용	확인	
		O	X
1	1MΩ 저항의 색띠는 갈색–검정–녹색이 맞는가?		
2	소리를 출력하는 데 활용하는 부품으로서의 피에조 스피커에 대해 알 수 있는가?		
3	노크를 인식하기 위해 저항과 피에조 스피커를 병렬로 연결하였는가?		
4	한 번 노크하면 어느 정도 기간 동안 연속하여 1초 정도 시리얼 포트로 값이 들어오는가?		
5	LED를 활용하기 위해 pinMode(13, OUTPUT);을 setup( ){ } 함수의 안에 넣었는가?		

연습문제

1. 소리를 내는 전자 부품으로 노크를 인식하는 데에도 활용할 수 있는 부품은?

2. 노크 회로에 활용되는 저항 값은?

3. 노크를 하지 않을 때 시리얼 포트로 들어오는 값은?

4. 시리얼 통신을 하는 데 필요한 함수는?

　① Serial.print( )　　② Serial.println( )　　③ Serial.begin( )　　④ Serial.read( )

5. led = !led; 명령어에 대해서 맞는 설명은?

    ① 프로그램이 오류가 나서 작동하지 않는다.

    ② led 값을 0으로 바꾼다.

    ③ led 값을 0은 1로 1은 0으로 바꾼다.

    ④ led 값을 1로 바꾼다.

6. 피에조 스피커를 노크하면 약 0.01~0.1초 정도 연속하여 값이 들어온다. [O/X]

7. bool 형의 데이터는 0과 1값만을 가질 수 있다. [O/X]

8. 아두이노에서 true는 값이 1이고 false는 알 수 없는 값이다. [O/X]

[정답]

1. 피에조 스피커   2. 1M 저항   3. O   4. ③   5. ③   6. O   7. O   8. X

미션과제

- 노크를 하면 몇 번 노크를 했는지 횟수를 세어서 시리얼 포트로 알려주는 스케치를 작성해 보자.

[정답]

http://cafe.naver.com/arduinocafe 네이버 "내사랑 아두이노" 카페 참조

CHAPTER

13

프로세싱 소개 및
배너 만들기

수업목표

- 프로세싱을 설치하여 화면에 타원을 그릴 수 있다.
- 프로세싱 언어의 응용에 대해서 설명할 수 있다.
- 배너를 만들고 오른쪽에서 왼쪽으로 글자를 이동할 수 있다.
- 마우스와 키보드를 활용할 수 있다.

내용요약

- 프로세싱 언어의 설치
- 프로세싱 언어 소개
- 프로세싱 도형의 기본
- 배너 만들기
- 한글 활용하기

사용부품

- 인터넷, 웹 브라우저
- Processing IDE (통합개발환경) http://processing.org

① 프로세싱 언어

프로세싱은 MIT 대학교의 미디어랩에서 만들어 무료로 배포하는 프로그램이다. 디자이너와 예술가 등 비전공자들이 쉽게 프로그램을 작성할 수 있는 환경을 제공하기 위하여 만든 비주얼 프로그래밍 언어이다. 따라서 비교적 배우기 쉬운 문법으로 만들어졌다는 것이 프로세싱의 특징이다. 또한 컴퓨터와 아두이노를 연결하여 쉽게 시리얼 통신을 할 수 있다는 장점이 있다.

1) 프로세싱 소개

프로세싱은 프로그래밍 언어, 개발환경 및 온라인 커뮤니티 세 가지를 모두 포함한다. 비주얼 아트나 기술의 소프트웨어 활용 능력을 높이기 위해 2001년부터 시작되었다.

처음에 소프트웨어 스케치북 역할로 시각적으로 프로그래밍을 가르칠 목적이었으나 현재 전문가를 위한 개발 도구로 진화하여 널리 활용되고 있다. 학생, 예술가, 디자이너, 연구원, 전문가 등이 학습이나 프로토타입 제작 및 생산 등의 프로그래밍에 많이 활용하고 있다.

2) 프로세싱의 특징

- 너무 간단하며 쉽고 재미있다.
- 인간과 상호작용하는 프로그램이다.
- OpenGL 및 OpenCV를 지원한다.
- SVG, PDF를 지원한다.
- 응용 프로그램을 만들 수 있다.
- 스마트폰(안드로이드) 프로그래밍을 지원한다.
- 웹의 애플릿으로도 저장할 수 있다.
- 여러 가지 OS(윈도우, 리눅스, 매킨토시)환경에서 작동한다.
- 무료 오픈 소스 프로그램이다.
- 2D, 3D, PDF 출력을 지원한다.
- Image, Video, Audio 처리가 간단하다.

3) 프로세싱 언어의 다운로드 및 설치

1. http://processing.org 사이트에 접속
2. [download processing] 〉 [No Donation]에 체크하기(기부를 해도 됨)
3. [Windows] 선택(컴퓨터에 따라 32비트 또는 64비트 선택)
4. 바탕화면에 저장하고 압축풀기

[그림 13-1]과 같은 폴더에서 [🅟 Processing]을 더블 클릭한다. 만약 실행이 안 되면 네이버 카페 '재미삼아 프로세싱'에서 해결책을 찾을 수 있다.

그림 13-1 프로세싱의 실행

그림 13-2 프로세싱이 실행된 창

4) 프로세싱 IDE(통합개발환경)
의 편집 도구

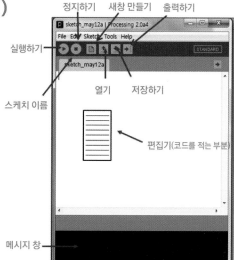

그림 13-3 프로세싱
편집창 설명

5) 스케치의 작성과 실행

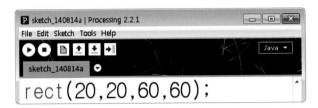

그림 13-4   스케치의 작성

작성된 스케치는 메뉴의 플레이 ⊙ 버튼을 누르면 실행된다. 왼쪽에 새로운 창이 만들어지고 사각형이 그려지면 성공한 것이다.

그림 13-5   스케치가 실행된 창

② 프로세싱 기초 실습

1) 타원 그리기

```
ellipse(50,50,80,80);
```

프로세싱으로 타원을 그리는 스케치는 ellipse( ) 함수를 활용한다. 기본 윈도우 창의 크기는 100, 100 픽셀이다. 괄호 속의 숫자를 매개 변수라고 한다. 앞의 두 수 50, 50은 중심 좌표이며 마지막 두 수 80, 80은 타원의 가로, 세로의 지름이다. 윈도우 창을 크게 할 수도 있고 원도 크게 할 수 있다.

그림 13-6   타원 그리기

Q: 초록색의 원을 그리자.

```
fill(0,255,0);
ellipse(50,50,80,80);
```

fill( )은 채우는 색상을 지정해 준다. fill(빨강, 초록, 파랑);으로 각
각 0~255를 적어 넣을 수 있다.

그림 13-7 **초록색 원**

Q: 파란색의 사각형을 그리자

```
fill(0,0,255);
rect(20,20,60,60);
```

사각형은 rect( )함수를 사용한다. 앞의 숫자 20,20은 왼쪽 위쪽
모퉁이의 시작 좌표이고 뒤의 숫자 60,60은 가로 및 세로 길이를
나타낸다.

그림 13-8 **푸른 사각형**

Q: 창의 크기를 400,400으로 크게 하고 중심에 300,300 크기의 원을 그리자.

화면의 크기를 조절하려면 size( )함수를 이용한다.

```
size(400,400);
ellipse(200,200, 300,300);
```

2) 프로세싱의 구조와 마우스 활용

```
void setup() {              // 한 번 실행
  size(400, 400);
}
void draw() {               // 반복 실행
  ellipse(mouseX, mouseY, 80, 80);
}
```

프로세싱의 구조는 setup( ) 함수와 draw( ) 함수로 구성이 된다.

void setup( ){ }는 한 번 실행되는 프로그램을 넣는 초기화 함수이다.

void draw( ){ } 함수는 연속해서 반복이 된다.

mouseX는 현재 마우스 X 좌표를 mouseY는 현재 마우스 Y 좌료를 전달한다. 이전 마우스 지점은 pmouseX 및 pmouseY이다.

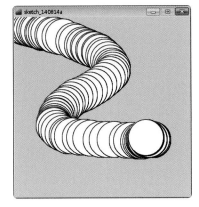

그림 13-9   마우스의 활용

3) 키보드 입력

[미션]

r 키를 누르면 붉은색, g 키를 누르면 초록색, b 키를 누르면 푸른색 원이 된다.

```
//processing: jcshim: key
void setup() {
  size(400,400);
}
void draw() {
  ellipse(mouseX, mouseY, 80, 80);
}
void keyPressed(){
  if(key=='r') fill(255,0,0);
  if(key=='g') fill(0,255,0);
  if(key=='b') fill(0,0,255);
}
```

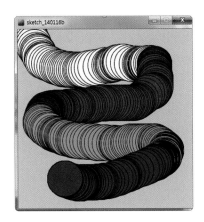

그림 13-10   키보드 활용

배너 만들기

글자를 화면에 나타내며 글자 크기를 크게 하고, 글자를 이동시키며, 배경을 지우는 과정을 단계적으로 학습해 보자.

1) 문장을 화면에 출력

text( ); 함수는 문장을 화면에 출력한다. 문장은 항상 큰따옴표(" ")로 둘러싸야 한다. "I love you".

```
text("I love you", 0, 64);
```

그림 13-11   문자 출력

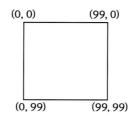

그림 13-12   size(100,100);
일 때의 화면 픽셀

text( ); 함수의 숫자는 화면에 나타낼 (가로, 세로)시작 위치이다. 화면의 좌표는 [그림 13-12]처럼 화면의 왼쪽 상단이 (0, 0)이다.

0, 64는 왼쪽 0에서 시작하고, 높이는 화면의 중간이 50이므로 이보다 약간 아래인 64에서 시작하라는 것이다.

2) 색상의 변경

흰색 글자가 잘 보이지 않으므로 검은색으로 표시해 보자. fill(0);
은 글자 색을 검은색으로 채운다. fill( ) 함수의 괄호 속에 3가지
값을 넣으면 칼라를 표시할 수 있다. 글자색을 푸른색으로 하려면
fill(0, 0, 255);이다.

그림 13-13
글자색 바꾸기

```
fill(0);
text("I love you", 0, 64);
```

Q. 글자색을 푸른색으로 바꾸어 보자.

A. fill(0, 0, 255);를 추가하자

3) 글자를 더 크게 만들기

글자 크기를 크게 해 보자. size(400, 100); 은 화면을 가로로 길쭉하게 만들어 준다. text-
Size( ); 함수는 글자의 크기를 나타낸다. 기본 글자의 크기는 textSize(10) 이다. textSize
(64); 는 큰 글자를 출력한다.

```
size(400, 100);
fill(0);
textSize(64);
text("I love you", 0, 64);
```

그림 13-14　글자 크기 바꾸기

4) 스케치의 구조화

한 번 실행되는 부분은 setup(); 함수에, 여러 번 실행되는 부분은 draw( ); 부분에 옮기자.

```
void setup() {
  size(400, 100);
  fill(0);
  textSize(64);
}
void draw() {
  text("I love you", 0, 64);
}
```

5) 전광판 글씨 만들기

글자를 전광판처럼 왼쪽에서 오른쪽으로 이동해 보자. 화면이 바뀔 때마다 한 칸씩 오른쪽으로 이동하도록 하는 변수 하나가 필요하다.

```
void setup() {
  size(400, 100);
  fill(0);
  textSize(64);
}
int i;
void draw() {
  text("I love you", i++, 64); // 글자 시작 위치를 한 칸씩 오른쪽으로
}
```

int i; 라고 적은 부분을 정수 변수의 선언이라고 한다. 숫자를 저장하려면 변수를 선언해야한다. 변수는 메모리에 저장하며, 프로그램에서 다른 값으로 이 값이 필요한 경우 변경할수 있어서 변수라고 한다.

draw( ) 함수는 계속 반복 실행된다. 반복 될 때마다 i++ 값은 처음에는 0이었다가 1, 2, 3, 4...로 하나씩 증가한다. ++연산자는 이전 값을 1씩 증가시킨다.

그림 13-15   글자가 겹쳐서 나타남

이동되는 부분이 겹쳐져서 글자가 잘 보이지 않으므로 배경을 흰색으로 만들어 보자. 흰색 배경 지정은 background(255); 함수로 한다.

```
void setup() {
  size(400, 100);
  fill(0);
  textSize(64);
}
int i;
void draw() {
  background(255);
  text("I love you", i++, 64);
}
```

그림 13-16   배경을 지우면 글씨가 잘 보임

글자가 왼쪽으로 완전히 넘어가면 처음부터 다시 시작하는 스케치는 if( ) 조건문을 활용하여 간단하게 작성할 수 있다.

```
int i;
void draw() {
  background(255);
  text("I love you", i++, 64);
  if(i>width) i=0;
}
```

if( )문의 괄호 속을 검사하여 i가 width보다 크면 i 값을 0으로 바꾼다. 적을 경우 if( ) 문은 무시한다. 이러한 if( ) 문을 조건문이라고 한다.

6) 한글의 출력

```
PFont f;
void setup(){
  size(400, 100);
  f = createFont("굴림", 64);
  textFont(f);
  text("대한민국", 0, 64);
}
```

그림 13-17　한글의 출력

```
PFont f;
void setup() {
  size(400, 100);
  f = createFont("굴림", 74);
  textFont(f);
}
int i;
void draw() {
  background(0);
  text("대한민국", i++, 84);
  if (i > width) i = 0;
}
```

그림 13-18 한글 배너

4 키보드로 누른 문자를 시리얼로 내보내기

1) 아두이노 보드에서 받은 문자로 LED 제어하기

키보드가 시리얼 포트로 잘 나갔는지를 어떻게 확인할까? 아두이노에 시리얼 통신으로 키보드 값이 '1'이 들어오면 13번 LED가 켜지도록 하고, 그 외의 경우 꺼지도록 프로그램을 작성해서 확인할 수 있다. 다음 스케치를 입력하고 실행한다. 시리얼 포트로 데이터가 도착하는지 기다리는 스케치이다.

```
void setup() {
  Serial.begin(9600);  // 시리얼 속도를 9600bps
  pinMode(13, OUTPUT); // 13번 핀을 출력
}
void loop() {
  if (Serial.available()) {   // 시리얼 포트에 데이터가 도착하면
    byte a = Serial.read();   // 데이터를 읽는다.
    if (a == '1') digitalWrite(13, HIGH);  // 키보드 '1'이면 켜고
    else          digitalWrite(13, LOW);    // 그 외는 끈다.
  }
}
```

그림 13-19   아두이노 편집창

2) 시리얼로 문자 보내기 테스트

[그림 13-20]과 같이 오른쪽 끝에 있는 [시리얼 모니터] 툴바를 열고 [전송] 옆에 1을 입력하여 [전송]을 마우스로 누르면 보드의 13번 LED가 켜진다. 0을 입력하여 [전송]을 마우스로 누르면 보드의 13번 LED가 꺼진다.

그림 13-20 시리얼 모니터 열기

⚠️ **주의**

시리얼 모니터에서 아래 줄 중간을 "No line ending"으로 선택한다.

테스트를 마치고 반드시 [시리얼 모니터]를 닫는다.

3) 프로세싱으로 키보드 누른 문자를 시리얼 포트로 내 보내기

시리얼 통신을 하려면 import processing.serial.*;을 첫 줄에 적어야 한다. 직접 입력하거나, 메뉴의 [Sketch] 〉 [Import Libraries] 〉 [Serial]을 선택해도 된다.

통신을 하려면 아두이노가 연결된 포트 번호를 알아야 한다.

제어판에서 장치관리자를 찾고, 포트(COM & LPT) 〉 Arduino Uno(COM##)를 확인하자. println(Serial.list()); 명령은 현재의 시리얼 포트를 모두 출력해 준다. PC의 경우 COM1, COM2는 컴퓨터에 부착된 시리얼 포트일 수 있으므로 대체로 그 다음 번호를 선택한다. COM##에 내 컴퓨터의 COM 포트 번호를 적어야 한다.

```
import processing.serial.*;
Serial p;                            // 시리얼 클래스에서 객체 생성
void setup()
{
  println(Serial.list());
  p = new Serial(this, "COM##", 9600);  // 포트 연결, COM0, COM1...
}
void draw() {                        // 비워 둠
}
```

```
void keyPressed() {
  p.write(key);
}
```

4) 테스트하기

[시리얼 모니터]가 꺼졌는지 꼭 확인한다. 시리얼 포트는 한 번에 하나의 응용만 사용할 수 있다.

스케치를 실행시킨다. 오류가 발생하면 출력 창의 마지막에 나오는 시리얼 포트 번호를 COM##에 적는다. 다음과 같은 경우 COM96이 된다.

그림 13-21 **프로세싱의 키보드 입력 스케치**

키보드에서 '1'을 누르면 보드의 LED가 켜지고, 키보드에서 '0'을 누르면 보드의 LED가 꺼진다.

요약

- 프로세싱 언어의 설치와 실행
- 프로세싱의 기초 학습
- 프로세싱으로 배너 만들기
- 문장은 큰따옴표로 " " 둘러싼다.
- 증가 연산자 ++의 활용법
- 정수를 활용하려면 정수 변수를 선언한다.
- if( ) 조건문으로 왼쪽으로 넘어가는 것을 방지하기

자가평가

항목	확인 내용	확인	
		O	X
1	프로세싱을 설치하고 원을 그릴 수 있는가?		
2	키보드로 'r'을 누르면 원의 색을 붉은 색으로 바꿀 수 있는가?		
3	키보드로 입력한 값을 시리얼로 보내 보드의 LED를 제어할 수 있는가?		
4	마우스의 이동을 감지하여 마우스 위치에 원을 그릴 수 있는가?		
5	배너를 만들 수 있는가?		

연습문제

1. 문장을 화면에 출력할 때 사용하는 함수는?

2. 키보드를 누르면 해당 영어 문자는 어떤 변수에 저장되는가?

3. 문자의 크기를 정하는 함수는?

4. 조건을 검사하는 문은?

① if문   ② for문   ③ int 변수   ④ size( ) 함수

5. 다음 중 값을 하나 증가시키는 연산에 맞지 않는 것은?

① i++;   ② i = i+1;   ③ i +=1;   ④ i *=1;

6. 프로세싱은 무료 프로그램이다. [O/X]

7. 키보드가 눌러지면 key 변수에 키 값이 저장된다. [O/X]

8. 현재 마우스의 X 지점은 pmouseX로 나타낸다. [O/X]

[정답]

1. text( ); 함수   2. key   3. textSize( ); 함수   4. ①   5. ④   6. O   7. O   8. X

 ## 미션과제

- 배너의 글자가 오른쪽 끝에 도착하면 왼쪽으로 이동하고, 왼쪽 끝에 도착하면 오른 쪽으로 이동하도록 스케치를 작성하자.

[정답]

http://cafe.naver.com/arduinocafe 네이버 "내사랑 아두이노" 카페 참조

CHAPTER

14

프로세싱으로 LED 켜고 끄기

수업목표

- 프로세싱으로 사각형 도형을 그릴 수 있다.
- 키보드를 이용하여 도형의 색상 바꿀 수 있다.
- 프로세싱으로 아두이노 LED 켜고 끄기를 할 수 있다.
- 컴퓨터에서 시리얼로 ON을 보내면 아두이노의 LED가 켜지고 OFF를 보내면 꺼지게 할 수 있다.

내용요약

- 프로세싱으로 사각형 그리기
- 키보드에 따라 사각형 색상 바꾸기
- 프로세싱에서 키보드 값을 이용하여 아두이노 LED 켜고 끄기
- 프로세싱에서 ON/OFF 명령에 의한 LED 켜고 끄기

사용부품

- 아두이노, 브레드보드, 점퍼선
- 저항 220Ω(빨강-빨강-갈색)
- LED

1 프로세싱으로 사각형 그리기

앞 장에서 프로세싱을 학습하였는데 이를 활용하여 사각형을 그려보자.

다음의 스케치를 작성한다.

```
void setup(){
    size(300, 300);
}
void draw(){
    stroke(255,0,0);
    fill(0,255,0);
    rect(100,100,150,100);
}
```

위 스케치에 사용된 명령어들은 다음과 같다.

- setup( );
  한 번만 실행되는 함수로서 초기값이나 초기 환경을 설정할 경우 사용된다.

- draw( );
  프로그램을 실행하면 이 함수 내의 명령어들을 계속 반복 수행한다.

- size(가로 길이, 세로 길이);
  출력 창의 가로 길이와 세로 길이를 결정한다. [그림 14-1]의 전체 윈도우 크기를 결정한다. 이는 초기에 창의 크기를 가로 300 픽셀 그리고 세로 300 픽셀의 크기로 하겠다는 의미이다.

- stroke(첫 번째, 두 번째, 세 번째);
  선의 색깔을 결정한다. 첫 번째는 빨강색 종류, 두 번째는 녹색 종류, 세 번째는 파랑색 종류를 나타낸다.

- fill(첫 번째, 두 번째, 세 번째);

  채워질 색상을 결정. 첫 번째-빨강색 종류, 두 번째 -녹색 종류, 세 번째-파랑색 종류를 나타낸다.

- rect(시작점, 시작점, 가로 길이, 세로 길이);

  앞의 두 개는 사각형의 왼쪽 위 가로와 세로의 시작 위치 점을 나타낸다. 그리고 나머지 두 개는 시작점으로부터 가로와 세로의 길이 값을 나타낸다. 프로그램에서는 가로 값으로 150, 세로 값으로 100을 주었으므로 [그림 14-1]처럼 직사각형이 그려진 것이다. 그래서 시작점의 위치는 (100, 100)이며, 사각형이 마치게 되는 오른쪽 아랫점의 위치는 (250, 200)이 된다.

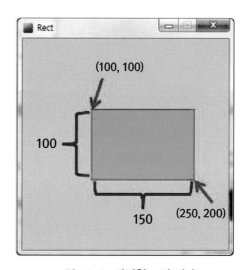

그림 14-1 사각형 그림 결과

 키보드에 따라 사각형 색상 바꾸기

프로세싱은 키보드의 어떤 키가 눌러졌는지를 알 수 있다. mousePressed 변수처럼 'key'변수를 이용해 키보드에서 선택된 하나의 키가 눌러지면 TRUE(1), 그렇지 않으면 FALSE(0)의 값을 되돌려 준다.

다음의 스케치를 작성한다.

```
void setup(){
    size(300, 300);
}
void draw(){
    stroke(255,0,0);
    fill(0,255,0);
    rect(100,100,150,100);
}
```

```
void setup() {
  size(300, 300);
}
void draw() {
  background(100,200,150);
  if((key=='r') || (key=='R')){
    stroke(255, 0, 0);
    fill(255, 0, 0);
  }
  else if((key=='g') || (key=='G')){
    stroke(0, 255, 0);
    fill(0,255, 0);
  }
  else if((key=='b') || (key== 'B')){
    stroke(0,0,255);
    fill(0,0,255);
  }
  rect(100, 100, 50, 50);
}
```

위 스케치에 사용된 명령어들은 다음과 같다.

- background(첫 번째, 두 번째, 세 번째);

  빨강, 녹색 그리고 파랑색 세 가지에 의해 배경색이 결정된다. 혹은 한 가지만을 기술하면 흑백 배경이 되며, 0(검은색)부터 255(흰색)까지 사용할 수 있다.

- key

키보드로부터 눌러지는 문자를 저장한다. 프로그램에서 눌러진 키가 조건과 일치하면 stroke( ) 함수와 fill( ) 함수가 실행된다. 마지막으로 사각형이 그려지게 된다. 초기에는 눌러지는 것이 없으므로 흰색이 채워진다. [그림 14-2]는 여러 가지를 눌렀을 경우를 나타내었다.

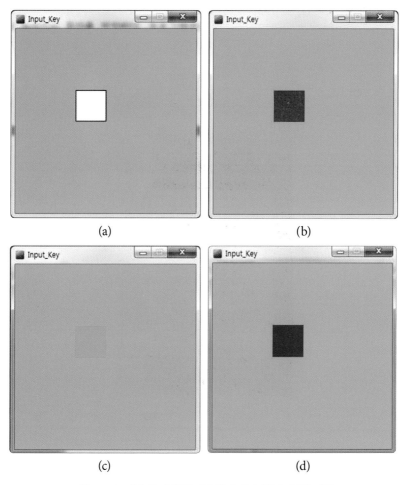

(a)

(b)

(c)

(d)

그림 14-2　(a) 초기 화면, (b) 'r' 혹은 'R'을 눌렀을 경우
(c) 'g' 혹은 'G'를 눌렀을 경우 (d) 'b' 혹은 'B'를 눌렀을 경우

3 프로세싱으로 아두이노 LED 켜고 끄기

이제는 프로세싱을 이용하여 아두이노 보드의 LED를 제어해 보자. 프로세싱 프로그램으로 아두이노가 컴퓨터와 시리얼 통신을 하도록 하자. 키보드에서 'H'를 입력하면 아두이노 보드의 LED를 켜고 'L'을 입력하면 LED가 꺼진다.

⚠ 주의
아두이노와 프로세싱이 같은 통신 속도를 사용해야 한다.

1) 회로 만들기

그림 14-3   아두이노 회로

점퍼선을 이용하여 3번(아날로그 신호)을 저항(220Ω)의 한쪽 끝과 연결한다. 그리고 저항의 다른 쪽 끝을 LED의 '+'와 연결한다. LED의 '−'는 점퍼선을 이용하여 GND에 연결한다.

2) 스케치하기

아두이노 스케치를 작성한다.

```
int inValue;
void setup(){
  Serial.begin(9600);
}
void loop(){
  if(Serial.available()>0){
    inValue=Serial.read();
      analogWrite(3,inValue);
  }
}
```

위 스케치들의 명령어들은 다음과 같다.

- Serial.begin( );

  외부 장치와 통신을 하겠다고 선언함. 괄호 안에는 통신 속도를 입력한다. 여기서는
  9600을 사용한다.

- Serial.available( );

  시리얼 데이터가 있는지를 알 수 있는 함수. 0보다 크면 계속 실행되면서 데이터를 수신
  하게 된다.

- Serial.read( );

  시리얼 데이터를 읽어 들이는 역할을 한다.

- analogWrite(핀 번호,아날로그 양);

  아날로그의 양을 핀 번호로 내보내게 된다. 여기서는 최대값은 255이다.

프로세싱 스케치는 다음과 같다.

```
import processing.serial.*;
Serial port;
int keyValue;
void setup() {
  size(255, 255);
  println(Serial.list());
  port=new Serial(this, Serial.list()[0], 9600);
}
void draw() {
  background(200);
  if (key == 'h') {
    port.write(255);
  } else if (key == 'l') {
    port.write(0);
  }
}
```

위의 코드에 사용된 명령어는 다음과 같다.

- Serial.list( );

  사용가능한 시리얼 포트 목록이 나타난다.

- Serial( );

  프로세싱을 이용하여 아두이노와 다른 기기 사이의 통신을 위해서는 서로 같은 포트를
  사용해야 한다. 위의 코드에서 [ ] 안에 있는 숫자 0 자리에 아두이노가 사용하고 있는
  동일 포트의 순번을 입력한다.

- port.write();

  괄호 안의 값을 포트로 보낸다. 이 값을 아두이노가 받는다.

3) 작동 방법

아두이노 소스 코드를 업로드시킨 후, 프로세싱의 "RUN" 버튼을 누른다. 프로세싱 실행
창이 뜨고 키보드에서 'H'키를 누르면 LED가 켜지고 'L'키를 누르면 LED가 꺼진다.

4   "ON"과 "OFF" 명령어에 의한 LED 켜기와 끄기

프로세싱에서 "ON"을 입력하면 LED가 켜지고 "OFF"를 입력하면 LED가 꺼지도록 해본다.

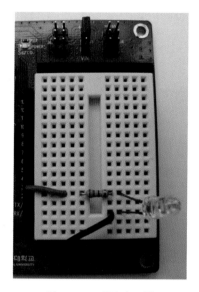

그림 14-4   아두이노 회로

1) 회로 만들기

점퍼선을 이용하여 3번(아날로그 신호)을 저항(220Ω)의 한쪽 끝과 연결한다. 그리고 저항의 다른 쪽 끝을 LED의 '+'와 연결한다. LED의 '-'는 점퍼선을 이용하여 GND에 연결한다.

2) 스케치하기

아두이노 스케치를 작성한다.

```
int inData;
void setup(){
  Serial.begin(9600);
}
void loop(){
  if(Serial.available()>0){
    inData=Serial.read();
      analogWrite(3,inData);
  }
}
```

위의 스케치에 사용된 명령어들은 [3. 프로세싱으로 아두이노 LED 켜고 *끄기*]의 명령어들과 동일하므로 참조한다.

프로세싱 스케치를 작성한다.

```
import processing.serial.*;
Serial port;
String lastInput = new String();
String currentInput = new String();
PFont myFont;
String strOn="on";
String strOff="off";
void setup(){
  size(600, 400);
  println(Serial.list());
  port=new Serial(this, Serial.list()[0], 9600);
  myFont = createFont("FFScala", 32);
  textFont(myFont);
  textAlign(CENTER);
}
void draw()
{
  background(255, 255, 255);
  if (lastInput.equals(strOn)==true) {
```

```
        fill(0);
        text("Power ON: "+lastInput, 200, 100);
        port.write(255);
    }
    else if (lastInput.equals(strOff)==true) {
        fill(0);
        text("Power OFF: "+lastInput, 200, 120);
        port.write(0);
    }
    fill(255, 0, 0);
    text(currentInput, width/2, height*.75);
  }
  void keyPressed()
  {
    if (key == ENTER)
    {
      lastInput = currentInput = currentInput;
      currentInput = "";
    } else if (key == BACKSPACE && currentInput.length() > 0)
    {
      currentInput = currentInput.substring(0, currentInput.length() - 1);
    } else
    {
      currentInput = currentInput + key;
    }
  }
```

위의 스케치에 사용된 명령어들은 다음과 같다.

- createFont( );

사용하고자 하는 폰트를 결정한다. 메뉴바에서 "Tools 〉 Creat Fonts.."를 선택하면 여러 가지의 폰트 설정이 가능하다.

- TextFont( );

결정된 폰트를 텍스트에 반영하겠다는 것이다.

- TextAlign( );

  텍스트를 화면에 적을 때 가운데 정렬로 배치한다.

- ___.equal( );

  ____ 변수에 저장되어 있는 문자열과 ( )안에 있는 문자열을 비교하는 것이다. 같을 경
  우는 true를 되돌려 주고 같지 않을 경우는 false를 되돌려 준다. 여기서는 키보드로부
  터 들어오는 lastInput 변수에 저장된 문자열과 strOn에 저장되어 있는 것을 비교하는
  것이다.

- text( );

  문자 혹은 문자열을 화면에 나타내는 것이다. 괄호의 첫 번째 파라미터는 문자 혹은 문
  자열을 나타내며, 두 번째와 세 번째 파라미터는 화면에서의 문자열의 가로위치와 세로
  위치이다.

- keyPressed( );

  키보드로부터 입력된 문자를 받는 함수이다. 여기서는 키보드에 있는 "ENTER" 키를
  받을 때까지 문자를 계속 더하며, 엔터키가 들어오면 currentInput의 값을 lastInput으
  로 대입해주고 자기 자신은 다시 아무것도 없는 상태로 대기하게 된다. 백스페이스에 의
  한 문자를 지우는 것도 같이 넣어놓았다.

3) 작동 방법

아두이노 소스 코드를 업로드시킨 후, 프로세싱의 "RUN" 버튼을 누른다. 프로세싱 실행
창이 뜨면 키보드로 "ON"을 입력한 후 엔터키를 누른면 LED가 켜지고, 키보드로 "OFF"
를 입력한 후 엔터키를 누르면 LED가 꺼진다. 입력은 빨강색 글자로 보이도록 하였다.

[그림 14-5]에 프로세싱의 화면을 나타내었다.

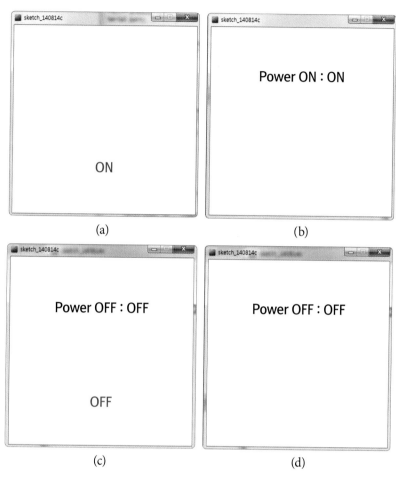

그림 14-5 프로세싱 화면 (a) "ON" 입력을 나타내는 것임(빨간색) (b) "ON"을 입력 한 후 엔터키를 누른 상태 (c) LED가 켜진 상태에서 "OFF" 입력을 나타내는 것임(빨강색) (d) "OFF"를 입력한 후 엔터 키를 누른 상태

요약

- 프로세싱 도형 그리기
- 키보드를 이용하여 도형의 색상을 바꾸기
- 컴퓨터에서 키보드 문자를 이용하여 LED 켜기와 *끄기*
- 컴퓨터에서 "ON"과 "OFF"를 보내서 LED 켜기와 *끄기*

자가평가

항목	확인 내용	확인	
		O	X
1	프로세싱에서 사각형의 색깔을 키보드로 바꿀 수 있다.		
2	배경의 색은 한 가지만 사용할 수 있다.		
3	사각형을 그리는 기준은 왼쪽 위이다.		
4	명령어 'key'는 문자열을 입력 받는다		
5	프로세싱에서 화면에 표시될 글꼴은 사용자가 선택하면 된다.		

연습문제

1. 프로세싱에서 사각형을 그리는 명령어는 무엇인가?

2. 컴퓨터와 아두이노의 통신이 잘 되기 위한 조건은 무엇인가?

3. 프로세싱에서 두 변수의 문자열이 같은지 비교하는 명령어는 무엇인가?

4. 프로세싱 값을 아두이노로 값으로 전달하는 함수는 무엇인가?

① println( )　　② port.write( )　　③ text( )　　④ stroke( )

5. stroke( ) 함수에 대한 설명이다. 맞는 것은?

① 색상을 한 가지만 사용할 수 있다.

② 선의 색상을 결정한다.

③ 키보드로부터 눌려진 문자를 입력 받는다.

④ 통신 속도를 결정한다.

6. fill( ) 함수는 배경 색도 바꿀 수 있다. [O/X]

7. analogWrite( ) 함수는 아날로그의 양을 핀으로 보내게 된다. [O/X]

8. Serial( ) 함수에서 통신 포트가 달라도 속도만 맞으면 통신이 가능하다. [O/X]

[정답]

1. rect( ) 함수   **2.** 전송 속도가 같아야 한다   **3.** equals( )   **4.** ②   **5.** ②   **6.** X

7. 0   **8.** X

 미션과제

• 마우스를 이용하여 아두이노 보드의 LED의 불의 밝기를 조정하는 시스템을 만들어보
  자. 프로세싱의 실행 창의 크기는 255×255로 하며, 마우스의 X축의 값을 이용하면 된다.

[정답]

http://cafe.naver.com/arduinocafe 네이버 "내사랑 아두이노" 카페 참조

15

아두이노 스위치로
컴퓨터의 도형 색상 바꾸기

- 아두이노와 컴퓨터의 시리얼 통신에 대해 설명할 수 있다.
- 스위치 결과를 시리얼로 컴퓨터로 보낼 수 있다.
- 아두이노의 스위치 ON/OFF에 따라 시리얼 통신으로 컴퓨터 도형의 색상을 바꿀 수 있다.

- 아두이노에서 시리얼로 컴퓨터에 숫자 보내기
- 시리얼의 숫자에 따라 컴퓨터 화면에 도형 그리기
- 아두이노 스위치를 만들고, 시리얼로 결과를 보내서 프로세싱으로 도형 그리기

- 아두이노, 브레드보드, USB 케이블, 점퍼선

아두이노와 컴퓨터 간에 서로 대화를 해 보자. 아두이노에서 1초마다 숫자 '1'과 '0'을 번갈아 보내면 컴퓨터에서 출력하도록 하는 프로그램을 작성해 보자.

 ## 아두이노에서 1초마다 '1'과 '0'을 서버로 보내기(아두이노 스케치)

```
byte i;                  // i는 0부터 시작한다.
void loop() {
  i++;                   // i가 1로 증가한다.
  Serial.print(i%2);     // i를 2로 나눈 나머지를 시리얼 모니터로 출력한다.
  delay(1000);           // 1초의 간격을 두고 위 스케치를 반복한다.
}
```

- byte i;는 숫자 0부터 255까지를 표시할 수 있는 변수이다.
- i++;는 현재 값에 하나를 더해서 저장한다.
- i%2는 i 값을 2로 나눈 나머지 값을 말한다. 예를 들면 3%2 = 1이 되고, 4%2 = 0이 된다.
- Serial.print( ); 함수는 값을 시리얼 포트로 보낸다.

그림 15-1 숫자 0과 1을 컴퓨터로 보내기

시리얼 모니터를 열어서 테스트하기

아두이노가 시리얼 포트로 보내온 값을 확인하려면 [시리얼 모니터]를 이용한다.

메뉴 바로 아래의 가장 오른쪽 위에 있는 버튼인 [시리얼 모니터]를 선택하면 시리얼 창이
열린다. 이것은 아두이노와 대화하기 위한 창이다. 아누이노에서 Serial.print( ) 함수로 말
하면 이곳에 값이 나타난다. 아두이노가 1초마다 숫자를 보내면 시리얼 포트를 통해 컴퓨
터에 출력되는 것을 볼 수 있다.

그림 15-2   **시리얼 모니터 열기**

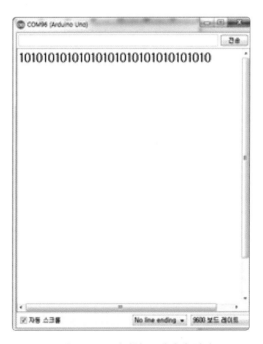

그림 15-3   **시리얼 모니터의 결과**

⚠ **주의**

시리얼 모니터 아래 부분의 [No line ending]을 확인한다.

다음 응용을 위해서 반드시 시리얼 모니터를 끈다. 아두이노 시리얼 모니터가 열려 있으면 프로세싱에서 시리얼 활용이 되지 않는다.

 **프로그램을 작성하여
컴퓨터에 데이터 도착 확인하기**

[시리얼 모니터] 대신 내가 작성한 프로그램으로 데이터 도착을 확인해 보자. 아두이노에서 '0'과 '1'을 보내는 스케치를 작성하고 업로드한다. 컴퓨터에서 프로세싱으로 프로그램을 작성하여 도착을 확인해 보자. 결과를 확인하는 방법은 프로세싱 IDE의 아래 부분에 있는 모니터 창에 '0'과 '1'이 반복하여 나타나면 성공이다.

아래는 프로세싱 스케치이다. 통신 포트로 들어오는 '0'과 '1'을 출력한다.

```
import processing.serial.*;
Serial p;
void setup(){
  p = new Serial(this,Serial.list()[2], 9600);
}
char b;
void draw(){
  if(p.available()!=0){
    b = (char)p.read();
    println(b);
  }
}
```

컴퓨터 모니터에 시리얼 포트의 값에 따라 색이 다른 사각형 그리기

아두이노에서 보낸 시리얼 포트의 값이 '1'이면 빨강색, '2'면 초록색의 사각형을 컴퓨터 모니터에 그리는 프로세싱 스케치를 작성하자.

```processing
import processing.serial.*;
Serial p;
void setup(){
  p = new Serial(this,Serial.list()[2], 9600);
}
char b;
void draw(){
  if(p.available()!=0){
    b = (char)p.read();
    if(b=='1') fill(255,0,0); // 빨강색으로 채우기
    if(b=='0') fill(0,255,0); // 초록색으로 채우기
    println(b);
  }
  rect(20,20,60,60);    // (시작점 x, 시작점 y, 가로 길이 dx, 세로 길이 dy)
}
```

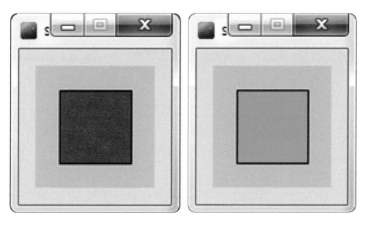

그림 15-4 붉은 사각형   그림 15-5 초록 사각형

5 스위치로 테스트하기

점퍼선 2개를 GND 핀과 7번 핀에 끼운다. GND는 검은색 점퍼선을 7번 핀에는 내가 좋아하는 색의 점퍼선을 끼우자.

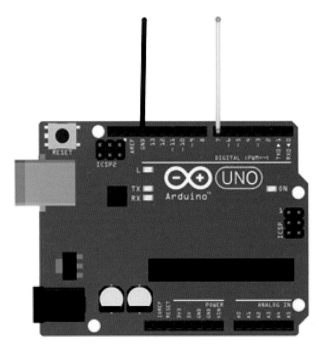

그림 15-6 **점퍼선 스위치 만들기**

두 개의 점퍼선이 떨어져 있으면 '1'이 포트로 보내지고, 두 점퍼선을 연결하면 '0'이 포트로 전달된다. 이 디지털 값을 읽어서 시리얼 포트로 내보내자.

```
void setup() {
  Serial.begin(9600);      // 시리얼 포트를 9600 BPS로 설정
  pinMode(7,INPUT);        // 7번 핀을 스위치 입력
  digitalWrite(7, HIGH);   // 풀업 저항을 작동시킴
}
byte i;                    // 정수값 0~255를 저장하기 위한 변수
void loop() {
  i = digitalRead(7);      // 7번 핀의 상태를 읽음 (1 또는 0)
  Serial.print(i);
  delay(1000);             // 1초간 기다림
}
```

digitalWrite( ) 함수는 지정한 포트에 +5V의 전기를 공급한다. 아두이노 보드의 내부에 저항이 포함되어 있는데 7번 핀의 풀업 저항을 활용하려면 반드시 다음처럼 digitalWrite( )로 HIGH를 보내야 한다.

```
digitalWrite(7, HIGH);
```

이 명령은 7번 핀으로 +5V의 전기를 보낸다. 또한 디지털 스위치 회로를 안정화하려면 내부의 풀업 저항이라는 것을 활성화해야 하는데, digitalWrite(7,HIGH);를 Setup( ) 함수에서 실행하면 된다.

일반적으로 스위치를 만들고 디지털 값을 아두이노 보드에서 읽으려면 풀업 저항인 220Ω의 저항이 필요한데, 내부 풀업을 활용하면 이것을 없앨 수 있다.

아두이노 IDE 편집기의 [시리얼 모니터]를 열어서 확인하자. 두 점퍼선이 개방되어 스위치가 열리면 어떤 값이 출력되는가? 두 점퍼선을 연결하여 스위치를 붙일 때 값이 달라지는가?

⚠️ **주의**
성공적으로 테스트를 마쳤으면 시리얼 모니터를 꼭 닫는다.

6 내가 작성한 프로그램으로 테스트하기

[시리얼 모니터]가 아닌 내가 작성한 프로그램으로 스위치의 상태에 따라 화면에 도형으로 테스트를 해 보자.

다음의 프로세싱 코드를 실행하면 스위치의 상태에 따라 붉은 사각형과 초록 사각형이 만들어진다.

```
import processing.serial.*;
Serial p;
void setup(){
  p = new Serial(this,Serial.list()[2], 9600); // [2]는 컴퓨터마다 달라짐
}
char b;
void draw(){
  if(p.available()!=0){
    b = (char)p.read();
    if(b=='1') fill(255,0,0); // 빨강색으로 채우기
    if(b=='0') fill(0,255,0); // 초록색으로 채우기
    println(b);
  }
  rect(20,20,60,60); // (시작점 x, 시작점 y, 가로 길이 dx, 세로 길이 dy)
}
```

요약

- 아두이노와 컴퓨터 사이에 시리얼 포트를 통해서 대화하기
- 아두이노에서 '1'과 '0'을 보내기, 프로세싱 [시리얼 모니터]로 출력하기
- 아두이노의 스위치에 따라 컴퓨터에서 인식하여 도형 그리기

자가평가

항목	확인 내용	확인	
		O	X
1	아두이노에서 1초마다 '1'과 '0'을 시리얼 포트로 보내는 스케치를 작성할 수 있는가?		
2	아두이노가 시리얼 포트로 보내온 값을 시리얼 모니터로 확인할 수 있는가?		
3	프로세싱 스케치로 '1'과 '0'을 나타낼 수 있는가?		
4	컴퓨터 모니터에 시리얼 포트의 값에 따라 색이 다른 사각형을 그릴 수 있는가?		
5	아두이노의 두 점퍼선이 뗄 때와 붙일 때 '1'과 '0'을 출력할 수 있는가?		

연습문제

1. 아두이노에서 시리얼 모니터를 활용하려면 어떤 함수로 속도를 9600으로 정해 주어야 하는가?

2. 아두이노에서 시리얼로 보낸 데이터를 컴퓨터에서 읽을 때 필요한 함수를 임포트해야 하는 헤더 파일은?

3. 변수 a의 값을 2 나누어서 나머지 값을 구하는 프로그램 코드는?

4. 7번 핀의 풀업 저항을 활성화하여 스위치로 활용하려면 실행해야 하는 명령은?

① digitalWrite(7, HIGH);   ② digitalWrite(7, LOW);

③ digitalRead(7, HIGH);   ④ digitalRead(7, LOW);

5. 시작지점이 20,20, 가로 및 세로의 길이가 60,60인 사각형을 만드는 프로세싱의 명령은?

① ellipse(20,20,60,60);   ② rect(20,20,80,80);

③ rect(20,20,60,60);   ④ rectangle(20,20,60,60);

6. 내부 풀업 저항을 활용하면 점퍼선 2개로 스위치를 만들 수 있다. [O/X]

7. 시리얼 통신을 할 때 속도는 항상 9600 BPS이어야 한다. [O/X]

8. Serial.list( )[0]은 첫 번째 시리얼 포트를 나타낸다. [O/X]

[정답]

1. Serial.begin(9600);   2. import processing.serial.*;   3. a%2   4. ①   5. ③
6. ① O   7. ② X   8. ① O

 미션과제

- 컴퓨터와 아두이노 보드를 시리얼 포트로 연결하고, 빛의 밝기를 측정하여 손 컵으로 어둡게 하면 전등이 켜지고, 손 컵을 치우면 전등이 꺼지도록 하는 프로젝트를 구현해 보자.

[정답]

http://cafe.naver.com/arduinocafe 네이버 "내사랑 아두이노" 카페 참조

CHAPTER

16

조도에 따라
이미지 반응하기

수업목표

- 빛의 세기를 측정하는 회로를 구성할 수 있다.
- 프로세싱 프로그램으로 이미지를 출력할 수 있다.
- 프로세싱 프로그램과 시리얼 통신을 이용하여
  아두이노에서 측정한 아날로그 값을 컴퓨터로 보낼 수 있다.

수업내용

- 빛의 세기 정도(조도)를 측정하는 아두이노 회로 구성
- 시리얼 통신을 이용하여 아두이노에서 프로세싱 프로그램으로 값을 전달하는 프로그램 작성
- 아두이노에서 전달 받은 조도에 따라 서로 다른 이미지를 출력하는 프로세싱 프로그램 작성
- 아두이노에서 전달 받은 조도에 맞게 높이 튀어오르는 공을 그리는 프로세싱 프로그램 작성

사용부품

- 아두이노 우노 보드
- 조도 센서
- 브레드보드
- 저항
- 점퍼선
- USB 케이블

이 장의 내용을 모두 실습하기 위해서는 다음과 같은 부품이 필요하다.

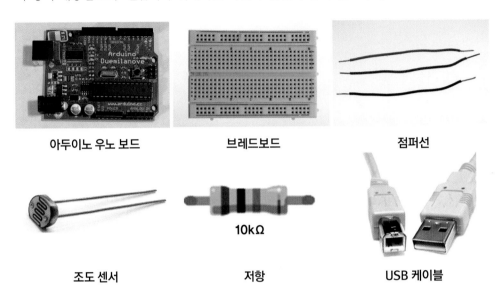

아두이노 우노 보드   브레드보드   점퍼선

조도 센서   저항   USB 케이블

조도는 어떤 면이 받는 빛의 세기를 그 면적에 비치는 광속으로 나타낸 양이다. 단위로는 럭스(lx)나 포토(ph)를 쓴다. 조도 센서는 포토셀, 또는 LDR(Light Dependent Resistor)이라고도 부르며 이름 그대로 빛의 세기에 따라 전기적 저항값이 달라지는 소자이다. 즉 어두운 곳에서는 높은 저항값을 가지고 있어서 절연체와 같이 전류가 흐르지 않다가 빛을 받으면 자체의 내부 저항값이 낮아져서 도체와 같이 전류가 잘 흐르는 성질을 가지고 있다. 이 조도 센서는 자연광의 밝기 정도에 따라서 가로등을 자동으로 켜고 끄는 데 가장 흔히 사용된다. 우리가 사용하는 스마트폰에도 이 센서를 응용하는데, 주변 밝기에 따라 화면의 밝기를 자동으로 조절해주는 기능이다. 밝은 곳에서는 스마트폰 화면의 밝기를 낮추고, 어두운 곳에서는 화면의 밝기를 높여주는 기능이다. 또한 빛의 밝기에 따라 스마트폰의 벨 소리의 크기도 조절할 수 있다. 어두운 방 안이나 가방 속에서 스마트폰을 쉽게 찾을

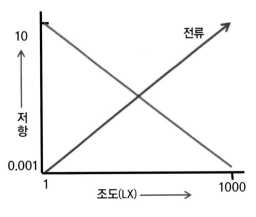

그림 16-1 조도에 따른 저항과 전류의 변화

수 없는 상황이라면 벨 소리를 높여서 쉽게 찾을 수 있도록 하고, 스마트폰을 가방 속에서 꺼내서 주변이 밝아지면 자동으로 벨 소리의 크기를 줄여주는 앱을 만든다고 가정할 때 가장 중요한 소자가 바로 이 조도 센서이다.

조도 측정 회로 만들기

빛의 세기를 측정하는 회로는 [그림 16-2]와 같이 간단하게 구성할 수 있다. 조도 센서가 측정한 빛의 세기 값을 아두이노 보드로 출력해주는 출력 단자는 A0 핀에 연결한다. A0 단자에 출력되는 전압은 다음과 같은 식으로 계산될 수 있다.

$$A0단자\ 전압 = \frac{10k\Omega}{광센서\ 저항 + 10K\Omega} \times 5V$$

위 식에서 광센서 저항은 외부 빛의 세기에 따라 달라지는 값이고, 10kΩ 저항의 용도는 빛이 너무 밝아 광센서의 저항이 0이 되어도 과도한 전류가 흐르지 않도록 하기 위한 것이다. 위 식의 계산 결과 A0 단자의 전압은 0~5V 사이의 값을 가지게 된다.

저항과 마찬가지로 조도 센서는 +와 −에 대한 극성이 없는 무극성 소자이므로 회로를 구성할 때 방향에 신경을 쓸 필요는 없다.

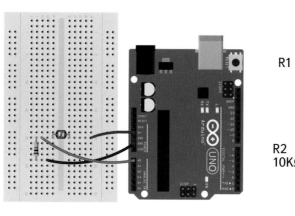

그림 16-2   조도 측정 회로의 구성

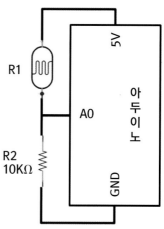

그림 16-3   조도 측정 회로도

② 조도를 측정하여 시리얼로 보내는 프로그램 작성하기

[그림 16-2]와 같이 조도 측정 회로를 구성하였다면 아두이노 보드와 컴퓨터를 USB 케이블로 연결한다.

예제 16-1

```
// 조도 센서로 측정한 값을 시리얼로 보내는 프로그램

void setup() {
        // 시리얼포트의 통신속도를 1초에 9600비트로 설정
        Serial.begin(9600);
}

void loop() {
        int sensorVal = analogRead(A0); // A0 핀의 값을 입력(0~1023)
        // sensorVal이 가지는 값의 범위를 0~1023에서 0~255로 변환
        sensorVal = map(sensorVal, 0, 1023, 0, 255);
        Serial.write(sensorVal);
        delay(50);
}
```

위의 스케치에 사용된 명령어를 자세히 살펴보자.

* Serial.begin(9600);

    컴퓨터와 아두이노 보드가 시리얼 포트를 사용하여 데이터를 주고받을 수 있도록 통신 속도를 조율한다. 9600은 시리얼 통신 속도이며 1초에 9600비트의 데이터를 아두이노 보드와 컴퓨터 사이에서 주고받는다는 의미이다. 이 숫자가 높을수록 빠르게 통신한다. 이 숫자를 변경하려면 시리얼 모니터 역시 같은 값을 갖도록 변경하여야 한다.

- int sensorVal = analogRead(A0);

  조도 센서는 빛의 세기를 측정하여 그 값을 A0 단자로 보내준다. A0 단자가 받은 아날로그 값을 읽어서 sensorVal이라는 변수에 대입하는 명령이다. A0가 입력 받은 빛의 세기는 0에서 1023 사이의 값이다.

- sensorVal = map(sensorVal, 0, 1023, 0, 255);

  변수 sensorVal이 갖는 값의 범위 0~1023을 0~255로 재조정하는 명령어이다. 가장 낮은 값인 0은 그대로 0이 되고, 가장 높은 값인 1023은 255로 변환된다.

  그 사이의 $0 < x < 1023$의 값은 $0 < x' < 225$ 사이의 값으로 적절하게 변환된다. 즉, 0에서 1023 사이의 값들이 0에서 255 사이의 값으로 재조정된다.

- Serial.write(sensorVal);

  변수 sensorVal이 가지고 있는 값을 시리얼 포트로 보내는 명령어이다.

- delay(50);

  아두이노 보드는 $\frac{50}{1000} = \frac{1}{20}$초에 한 번씩, 즉 1초에 20번 빛의 세기를 측정하여 그 값을 컴퓨터로 보내준다.

 조도에 따라 다르게 반응하는 프로세싱 프로그램 작성하기

1) 조도에 따라 원의 크기를 조절하기

아두이노 보드에서 보내준 조도를 컴퓨터가 받아서 적절하게 반응하는 프로세싱 프로그램을 작성해보자. 맨 먼저 만들어 볼 프로그램은 조도에 따라서 그 크기가 변하는 원을 그리는 프로그램이다.

먼저, 지금 작성하는 프로세싱 프로그램이 아두이노에서 보내주는 값을 전달 받으려면 Serial Library를 포함해야 한다. 프로세싱 창을 열고 [Sketch] 메뉴를 클릭하여 [Import

Library ...]의 [Serial]을 선택하라. import processing.serial.*; 이라는 소스 코드가 자동으로 입력된다. 이후의 코드는 아래와 같이 작성한다.

예제 16-2

```
// 아두이노에서 넘겨준 조도에 따라 크기가 달라지는 원 그리기
// 원의 지름 = 조도

// 먼저 아두이노와 통신하기 위하여 Serial library를 Import한다.
import processing.serial.*;
Serial myPort;  // Serial 클래스로부터 객체 생성
int val;        // 시리얼 포트로부터 받은 값을 저장할 변수 val 선언

void setup()
{
  size(300, 300);
  myPort = new Serial(this, Serial.list()[0], 9600);
}

void draw() {
  background(0);
  if ( myPort.available() > 0) {
    val = myPort.read();
  }
  fill(255, 255, 0);
  ellipse(width/2, height/2, val, val);
}
```

위의 프로그램에 사용된 명령어들을 자세하게 살펴보자.

- import processing.serial.*;

  내 컴퓨터(프로세싱 프로그램)가 아두이노 보드에서 보내주는 데이터를 받아서 처리를 하려면 컴퓨터와 아두이노 보드가 통신을 할 수 있도록 상황을 만들어주어야 하는데, 그 일을 하는 것이 Serial Library이다. 프로그램을 작성하기 전에 Serial Library를 현재의 프로그램에 포함시켜야 한다.

- myPort = new Serial(this, Serial.list( )[0], 9600);

  내 컴퓨터와 아두이노 보드가 통신할 시리얼 포트를 규정하고, 통신 속도를 설정하는 명령어이다. this는 내 컴퓨터를 의미하고, Serial.list( )[0]은 시리얼 포트 목록 중의 첫 번째에 있는 것을 말한다. 만약 지금 컴퓨터가 아두이노와 연결된 시리얼 포트의 이름을 알고 있다면 이 자리에 그 시리얼 포트의 이름을 바로 입력해도 된다(예 : new Serial(this, "COM3", 9600);). 마지막으로 9600은 시리얼 통신 속도이며 이 값은 아두이노 프로그램에서 입력한 명령어인 Serial.begin(9600);과 그 값이 일치해야 한다.

- if (myPort.available( ) > 0) {

  val = myPort.read();

  }

만약 입력 받은 데이터가 유효한 값이면 그 값을 읽어서 변수 val에 저장한다.

- fill(255, 255, 0);　// 채우기 색은 노란색

  ellipse(width/2, height/2, val, val);

원의 중심이 창의 중앙에 위치하고, 지름의 길이는 시리얼 포트로 넘겨받은 조도와 같은 노란색의 원을 그려준다.

2) 조도만큼 높이 튀어 오르는 공 그리기

이번에 만들어볼 프로그램은 조도에 따라서 튀어 오르는 높이가 달라지는 공을 그리는 프로그램이다. 공은 계속해서 입력 받은 조도만큼의 높이로 통통 튀게 될 것이다.

예제 16-3

```
import processing.serial.*;

Serial myPort;  // Serial 클래스로부터 객체 생성
int val;        // 시리얼 포트로부터 받은 값
```

```
void setup() {
  size(200, 285);
  myPort = new Serial(this, Serial.list()[0], 9600);
  smooth();
}

int speed = 2; // 이 값을 바꾸면 공이 움직이는 속도가 달라진다.
int y = 270;
int rad = 15; // 공의 반지름
void draw() {
  if ( myPort.available() > 0) {
    val = myPort.read();
  }
  background(255);
  y = y - speed; // 공의 중심 위치를 계속 바꾼다.
  bounce();
  display();
}

void bounce() {
  int bottom;
  bottom = height - rad; // 공이 바닥에 닿았을 때의 중심의 위치(y값)
  // 만약 공의 중심이 조도만큼 높이 튀어 올랐거나
  // 공이 바닥에 닿으면 공이 움직이는 방향을 바꿔준다.
  if ((y < bottom-val) || (y > bottom)) {
    speed = speed * (-1); // 공의 방향 전환
  }
}

void display() { // 공 그리는 함수
  stroke(0);
  fill(175);
  ellipse(100, y, 2*rad, 2*rad);
}
```

3) 조도에 따라 낮과 밤의 이미지 출력

입력 받은 조도의 값이 크면 '낮'의 이미지를 출력하고, 조도 값이 작으면 '밤'의 이미지를 출력하는 프로그램을 작성해보자. 필요한 이미지는 미리 준비를 해두어야 하는데, http://cafe.naver.com/arduinocafe/1939에서 그림을 다운로드 받을 수 있다. 아두이노 프로그램은 앞의 [예제 16-1]과 같다. 빈 칸에 알맞은 명령어를 적어보자.

예제 16-4

```
// 아두이노 프로그램
void setup() {
        ①                              // 통신 속도를 9600 baud로 설정
}

void loop() {
    int sensorVal =         ②            // A0에서 아날로그 값 읽기
    sensorVal = map(sensorVal, 0, 1023, 0, 255);
            ③                   // 변수 val의 값을 시리얼포트로 넘겨주기
    delay(50);
}
```

[정답]
① Serial.begin(9600);
② analogRead(A0);
③ Serial.write(val);

아두이노 보드에서 넘겨받은 조도에 따라서 낮과 밤의 그림을 적절하게 출력하는 프로세싱 프로그램은 다음과 같다.

```
import processing.serial.*;
PImage img1, img2;
Serial myPort;  // Serial 클래스로부터 객체 생성
int val;        // 시리얼 포트로부터 받은 값

void setup() {
  myPort = new Serial(this, Serial.list()[0], 9600);
  img1 = loadImage("Day.jpg");     // 낮 그림
  img2 = loadImage("Night.jpg");   // 밤 그림
  size(img1.width, img1.height);
}

void draw() {
  if ( myPort.available() > 0) {
    val = myPort.read();
  }

  // 0 ~ 255로 재조정되어 넘겨받은 조도값이
  if(val < 80)  {            // 80 미만이면 밤이라고 생각하고
      image(img2, 0, 0);     // 밤 그림을 출력하고,
  }
  else {                     // 80 이상이면 낮이라고 생각하고
      image(img1, 0, 0);     // 낮 그림을 출력한다.
  }
}
```

요약

- 조도 센서 살펴보기
- 조도를 측정할 수 있는 회로 만들기
- 조도를 측정하여 시리얼로 보내는 프로그램 작성하기
- 조도에 따라 다르게 반응하는 프로세싱 프로그램 작성하기
  (1) 조도에 따라 원의 크기를 조절하기
  (2) 조도만큼 높이 튀어 오르는 공 그리기
  (3) 조도에 따라 낮과 밤의 이미지를 적절하게 출력하기

자가평가

항목	확인 내용	확인	
		O	X
1	조도 센서는 어두운 곳에서는 낮은 저항을 가진다.		
2	조도 센서는 밝은 곳에서는 전류를 많이 흐르게 한다.		
3	// Serial Library가 내 프로그램에 포함된다. import processing.serial.*;		
4	myPort = new Serial(this, Serial.list()[0], 9600); // 위의 명령어에서 9600 대신 임의의 숫자를 입력해도 된다.		
5	val = myPort.read(); // 아두이노가 넘겨주는 값을 받는 명령어이다.		

연습문제

1. 조도 센서는 빛의 세기에 따라 전기적 저항값이 달라지는 소자이다. [O/X]

2. 조도가 높을수록 저항은 (낮아 / 높아)지고 전기의 흐름은 (적어 / 많아)진다.

3. 아두이노 명령문 Serial.begin(9600);에서 괄호 안의 숫자를 9600보다 더 작은 숫자로 바꾸면 통신속도가 더 빨라진다. [O/X]

4. Serial.write(sensorVal);는 변수 sensorVal가 가지고 있는 값을 시리얼 포트로 보내는 명령어이다. [O/X]

5. 아날로그 입력 핀 A0로부터 값을 읽어오라는 명령어는 무엇인가?

6. 도형을 노란색으로 채우라는 프로세싱 명령어는 무엇인가?

[정답]

1. O   2. 낮아, 많아   3. X   4. O   5. analogRead(A0);   6. fill(255, 255, 0);

 미션과제

• [예제 16-4]를 확장하여 밝기 상태를 어두울 때, 약간 어두울 때, 밝을 때로 적절하게 세 부분으로 나누고, 각 상태에 맞는 적절한 애니메이션을 만드는 프로그램을 작성하라.

[정답]

http://cafe.naver.com/arduinocafe 네이버 "내사랑 아두이노" 카페 참조

미션과제 정답

CHAPTER 1

```
void setup() {
  pinMode(13, OUTPUT);
}
void loop() {
  digitalWrite(13, HIGH);
  delay(500);
  digitalWrite(13, LOW);
  delay(500);
}
```

CHAPTER 3

```
/* 푸시버튼 스위치를 이용한 디지털 입력
 * 2개의 푸시버튼을 이용하여 빨강, 노랑, 초록 3개의 LED 램프에 불 켜기
 */
 int inPin1 = 2;      // 푸시버튼1이 연결된 핀 번호
 int inPin2 = 3;      // 푸시버튼2가 연결된 핀 번호
 int outPin1 = 11;   // 빨간색 LED 램프가 사용하는 핀 번호
 int outPin2 = 12;   // 노란색 LED 램프가 사용하는 핀 번호
 int outPin3 = 13;   // 초록색 LED 램프가 사용하는 핀 번호

 int btnState1 = LOW;  // 푸시버튼의 상태를 저장 (HIGH : 1, LOW : 0)
 int btnState2 = LOW;  // 푸시버튼의 상태를 저장 (HIGH : 1, LOW : 0)

void setup() {
    pinMode(inPin1, INPUT);    // 푸시버튼은 입력으로 설정
    pinMode(inPin2, INPUT);    // 푸시버튼은 입력으로 설정
    pinMode(outPin1, OUTPUT);  // LED는 출력으로 설정
    pinMode(outPin2, OUTPUT);  // LED는 출력으로 설정
    pinMode(outPin3, OUTPUT);  // LED는 출력으로 설정
}
```

```
void loop() {
    btnState1 = digitalRead(inPin1); // 입력값을 읽고 저장
    btnState2 = digitalRead(inPin2); // 입력값을 읽고 저장
    // 버튼이 눌려졌는지를 확인, 버튼이 눌렸으면 입력핀의 상태는 HIGH
    if (btnState1 == HIGH && btnState1 == HIGH) {
        digitalWrite(outPin1, HIGH);  // LED 램프를 켠다.
        digitalWrite(outPin2, LOW);   // LED 램프를 끈다.
        digitalWrite(outPin3, LOW);   // LED 램프를 끈다.
    }
    else if (btnState1 == HIGH && btnState1 == LOW) {
        digitalWrite(outPin1, LOW);   // LED 램프를 끈다.
        digitalWrite(outPin2, HIGH);  // LED 램프를 켠다.
        digitalWrite(outPin3, LOW);   // LED 램프를 끈다.
    }
    else if (btnState1 == LOW && btnState1 == HIGH) {
        digitalWrite(outPin1, LOW);   // LED 램프를 끈다.
        digitalWrite(outPin2, LOW);   // LED 램프를 끈다.
        digitalWrite(outPin3, HIGH);  // 초록색 LED 램프를 켠다.
    }
    else {
        digitalWrite(outPin1, LOW);   // 빨간색 LED 램프를 끈다.
        digitalWrite(outPin2, LOW);   // 노란색 LED 램프를 끈다.
        digitalWrite(outPin3, LOW);   // 초록색 LED 램프를 끈다.
    }
}
```

CHAPTER 4

```
int buttonPin = 7;      // 푸시 버튼이 연결된 번호
int ledPin =  13;       // LED가 사용하는 핀 번호
int speakerPin = 4;
int buttonState = 0;    // 입력핀의 상태를 저장하기 위함
int count = 0;
int notes[] = {2093, 2349, 2637, 2794, 3136};
void setup() {
 pinMode(ledPin, OUTPUT);      // LED는 출력으로 설정
  pinMode(buttonPin, INPUT);   // 푸시 버튼은 입력으로 설정
  pinMode(speakerPin, OUTPUT); // speakerPin을 출력으로 설정
  Serial.begin(9600);
```

```
}
void loop() {
  buttonState = digitalRead(buttonPin); //입력 값을 읽고 저장
  // 버튼이 눌렸는지 확인, 버튼이 눌렸으면 입력핀의 상태는 HIGH가 됨
  if (buttonState == 1) {
    if (count % 2 == 0) {
      digitalWrite(ledPin, HIGH);  // LED 켬
      count++;
      tone(speakerPin, notes[0], 500);
      delay(500);
      digitalWrite(ledPin, LOW);   // LED 끔
      delay(1000);
      digitalWrite(ledPin, HIGH);  // LED 켬
      tone(speakerPin, notes[4], 500);
    }
    else if (count % 2 == 1) {
      digitalWrite(ledPin, HIGH);  // LED 켬
      count++;
      tone(speakerPin, notes[3], 100);
    }
  }
  else {
    digitalWrite(ledPin, LOW);    // LED 끔
    noTone(speakerPin);
  }
  delay(500);
}
```

CHAPTER 5

```
#include "pitches.h" // 헤더 파일
int ms1[] = {NOTE_C4, NOTE_C4, NOTE_C4, NOTE_C4, NOTE_C4,
             NOTE_E4, NOTE_G4, NOTE_G4, NOTE_E4, NOTE_C4,
             NOTE_G4, NOTE_G4, NOTE_E4, NOTE_G4, NOTE_G4, NOTE_E4,
             NOTE_C4, NOTE_C4, NOTE_C4};
int ms2[] = {4,8,8,4,4,4,8,8,4,4,8,8,4,8,8,4,4,4,2 }; // 8은 8분음표 길이
void setup() {
  for (int i = 0; i < 19; i++) {
    int ms = 1000/ms2[i];
```

```
    tone(8, ms1[i],ms);
    int j = ms * 1.30;
    delay(j);
    noTone(8);
  }
}
void loop() {
}
```

CHAPTER 6

```
void setup(){
  Serial.begin(9600);       //통신 속도 9600
  int i=1;                  //초기값 정수 1을 저장
  int sum=0;                //합계를 저장하는 방
  for(i=1; i<=10; i++){     //계산하는 범위
    Serial.println(i);      //숫자를 차례로 출력
    sum = sum + i;          //합계를 저장
  }
  Serial.print("sum = ");
  Serial.print(sum);        //합계를 출력
}
void loop()
{
}
```

CHAPTER 10

```
#include <MsTimer2.h>
#include "pitches.h" //헤더파일
int ms1[] = {
  NOTE_C4, NOTE_C4, NOTE_C4, NOTE_C4, NOTE_C4,
  NOTE_E4, NOTE_G4, NOTE_G4, NOTE_E4, NOTE_C4,
  NOTE_G4, NOTE_G4, NOTE_E4, NOTE_G4, NOTE_G4, NOTE_E4,
  NOTE_C4, NOTE_C4, NOTE_C4};
int ms2[] = {
  4,8,8,4,4,4,8,8,4,4,8,8,4,8,8,4,4,4,2 };   //3은 1.5박자, 8은 8분음표 길이
void sound(){
```

```
  for (int i = 0; i < 19; i++) {
    int ms = 1000/ms2[i];
    tone(8, ms1[i],ms);
    int j = ms * 1.30;
    delay(j);
    //noTone(8);
  }
}
void light() {
  static boolean output = HIGH;
  digitalWrite(2, output);
  digitalWrite(4, !output);
  output = !output;
}
void setup() {
   pinMode(2, OUTPUT);
  pinMode(4, OUTPUT);
  MsTimer2::set(100, light); // 500ms period
  MsTimer2::start();
}
void loop() {
  sound();
}
```

CHAPTER 14

```
import processing.serial.*;
Serial port;

void setup() {
  size(255, 255);
  println(Serial.list());
  port=new Serial(this, Serial.list()[0], 9600);
}
void draw() {
  background(mouseX);
  port.write(mouseX);
}
```

CHAPTER 16

http://cafe.naver.com/arduinocafe/1942 참고